儿童安全意识培养课

桀鹏◎编著

中国纺织出版社有限公司

内 容 提 要

"预则立，不预则废"，在儿童身边，随时随地可能发生各种各样的危险，比如出行、玩耍、煤气、水、电、皮外伤，不法分子的抢劫、拐骗、欺辱等。所以从小教给孩子一些必要的安全防范知识、培养孩子的安全意识，是不可缺少且至关重要的。

本书涉及生活安全、交通安全、人身安全、社交安全、隐私防护等与日常生活密切相关的安全领域，既有趣又实用，是一本儿童安全意识教育指南，对广大父母如何教导儿童有指导意义，也能帮助儿童轻松掌握安全自救知识。

图书在版编目（CIP）数据

儿童安全意识培养课／棨鹏编著. ––北京：中国纺织出版社有限公司，2022.8
ISBN 978-7-5180-8482-1

Ⅰ.①儿… Ⅱ.①棨… Ⅲ.①安全教育—儿童读物 Ⅳ.①X956-49

中国版本图书馆CIP数据核字（2021）第067937号

责任编辑：张 羽　　责任校对：高 涵　　责任印制：储志伟

中国纺织出版社有限公司出版发行
地址：北京市朝阳区百子湾东里A407号楼　邮政编码：100124
销售电话：010—67004422　传真：010—87155801
http://www.c-textilep.com
中国纺织出版社天猫旗舰店
官方微博 http://weibo.com/2119887771
三河市宏盛印务有限公司印刷　　各地新华书店经销
2022年8月第1版第1次印刷
开本：880×1230　1/32　印张：7
字数：113千字　定价：49.80元

前言

有人说，可怜天下父母心。为人父母，孩子的安全与健康随时牵动着我们的心。尤其是年龄尚小的儿童，他们单纯天真，好奇心、求知欲、模仿力等都很强，然而，无论从生活经验还是社会阅历上来说，他们都少之又少。另外，我们生活的社会日益复杂，孩子身边也随时潜伏着各种各样的危险。因此，在儿童成长的过程中，有意识地从小培养孩子的安全意识、自我保护意识和自我防范意识，做到未雨绸缪，还是很有必要的。

的确，不管在家还是在学校，或者是上学或放学的路上，无论是父母陪伴还是孩子单独出行，更无论是学习还是玩耍，孩子一不小心就有可能遇到危险，比如走路时摔伤、被坏人跟踪、遭遇小偷、在幼儿园玩耍受伤等，因此让小朋友树立安全意识，规避衣食住行玩等方方面面的危险，掌握发生事故后的自救方法，学会自我保护，是儿童健康安全成长的关键一环。

生活中潜在的不安全因素来自各个方面，父母教育孩子时，不要只是叮嘱孩子要好好学习，而是要将安全意识培养融进日常生活中，反复地告诉、提醒孩子需要注意的问题，给孩子讲述一些预防的方法，以及告诉孩子如果发生意外时，应该采取怎样的措施来实现自救等。在不断地灌输中，这些安全防范常识会植根于孩子心中。这种润物细无声的方式，是防微杜渐的最佳策略，相信孩子一定会从中受益匪浅。

另外，我们给孩子灌输各种各样的安全技能时，不能一味地说教，最好结合故事、游戏、情景训练、电视等方法，不但让孩子看到各种真实案例，也能让孩子有机会进行演练，切实提高孩子的自我保护能力。

只有看到真实案例，孩子才会被触动。父母可以结合案例，问问孩子，案例中的人做了什么导致了悲剧的发生、怎样可以避免悲剧发生、如果孩子遇到这种事情时他会怎么办等，在循循善诱中启发和引导孩子自己得出结论，让孩子不断加深安全的意识，并及时地纠正、补充孩子的回答，使孩子学到正确的、科学的防范措施。

另外，注重培养孩子的实践能力更为重要，因为这些安全防范知识并不是卷面的考试，而是要真正转化为孩子的生存技能，他是要和生活真实对抗的。我们不能让孩子由于"无知"而出现意外，更不能让孩子因"纸上谈兵"而当真正面对危险时束手无措，导致悲剧的发生。

当然，父母也不必因为这些危险的存在而患得患失、焦虑不安，更不可因为害怕孩子受到伤害而过度保护孩子。相反，我们在教育孩子自我保护的同时，更应该放手让孩子自己去历练，让他切切实实获得保护自己的本事！

总之，我们一定要使孩子的安全意识切实地融入孩子的自身素质之中。请多教孩子一些生存技能，放手给孩子一些空间，让他们在生活中锻炼摸索，不断完善自我。

编著者

2022年6月

目录

第 01 章
成长路上，儿童自我保护意识很重要

　　儿童正处于心智不断发展成熟的阶段，但他们毕竟还是孩子，对于周遭的危险缺乏一定的自我保护意识，因此生活中儿童受伤害和侵害的事件屡见不鲜。作为父母，我们除了要培养儿童的学习能力外，还要尽早让儿童树立安全意识，学习自我保护的方法和技巧，唯有如此，才能保证儿童健康快乐成长。

父母要从小培养儿童的自我保护意识

即使社会法治水平不断提高，拐卖、抢夺儿童案依然层出不穷，侵童案也是屡禁不止，儿童受伤害事件也是屡见不鲜。很显然，对于孩子的安全教育，多数父母还做得不到位。那么，平时爸爸妈妈该如何教育孩子不受伤害，如何使孩子具有更高的自我保护能力呢？对于日常生活中常见的突发状况，孩子们又该如何应对呢？

对于身心尚未成熟、社会经验不足的儿童来说，在面对侵害行为、自然灾害和意外伤害时，他们往往因处于被动地位而受到侵害。而作为父母，我们虽然是孩子的保护伞，但也不可能随时随地地呵护他们，因此必须教给孩子自我保护的本领，提高儿童的自我保护意识。这样，面对一些突发的事故和侵害，孩子们才会积极争取社会、学校和家庭等方面的保护；当这些保护不能及时到位的时候，儿童也会尽自己所能，用智慧和法律保护自己的合法权益。

其实，儿童的自我防护意识本身就很薄弱，在遇到一些紧急情况时往往手忙脚乱，不知所措。为提高孩子的自我保护意识，杜绝发生不应有的安全事件，让他们健康快乐地成长，家长必须从小给儿童灌输自我保护的思想。

父母要告诫孩子注意以下几点：

1.尽量避免去下列这些地方

（1）住人较少的学生宿舍。

（2）狭窄幽静，灯光昏暗的胡同和地下通道。

（3）无人管理的公共厕所，高楼内的电梯，无人使用的空屋。

（4）夜晚的电影院、歌厅、舞厅、游戏厅、台球厅等。

（5）陌生车辆。

2.怎样防止别人的非礼

如今，很多违法犯罪分子将魔爪伸向了性保护意识淡薄的儿童。因此，孩子更需要高度警惕，有效地保护自己。遇到有人试图非礼自己的时候，千万不能胆怯、畏惧，要保持镇定，摆脱他们，返回学校求助老师。对个别动手动脚的非礼行为，要大声喊叫，求助路人，借助群众的力量，制止坏人继续作恶。

3.关于自身财务方面的保护

一些孩子粗心大意，再加上遇到危险时胆小懦弱，很容易发生财物被盗窃甚至抢劫的情况，家长要告诫孩子一些可能被盗窃或者抢劫财产的情况，让孩子有意识地保护自己的财产。

保护儿童免遭残害最直接、最有效的方法是家庭防范。儿童身心受到伤害，绝大多数是由于儿童缺乏警惕和自护能力，家庭缺乏对儿童的教育和保护而发生的。保护儿童免受伤害，是每位家长的责任，当儿童还小的时候，就应该让孩子懂得一些自我保护的知识，让其在生活中有意识地保护自己，这样，孩子生活的安全系数就高多了。

培养和强化儿童的应急应变能力

很多儿童因为长期在爸妈的庇护下成长，生活经验缺乏，所以很容易就会遇事慌张害怕。所以父母应该在孩子应变能力教育上下点功夫。现在社会较复杂，如果没有了应变能力，孩子日后会很吃亏的。

那么，儿童的应变能力怎么体现呢？如果你家孩子能就一个问题提出多个有效可行的方法；或者面对陌生环境时依然能够很好地适应不同的人和事……如果你的孩子有这样的表现就说明他具有良好的应变能力！但生活经验不足的孩子遇到事情大多慌张、害怕，习惯于寻求爸妈的帮助，那么家长该怎么去培养孩子的良好应变能力呢？

2006年2月《环球时报》曾经报道过这样一个故事：

有个叫萨契利的小男孩，他的妈妈驱车载着他和他八个月大的弟弟在某条公路上行驶。车子行驶到某条道路上时，突然，妈妈发现她的手机掉落了，当她准备寻找时却一时大意，导致汽车失控，撞到了路边的树上。

整个汽车的玻璃全部被撞碎了，他的妈妈额头流了很多血，晕了过去。此时，他的弟弟还在后座上，小萨契利害怕极了，但他还是很快冷静下来，然后爬到车后座，解开弟弟身上的安全带，然后抱起弟弟从车里爬了出来。

他赶紧抱着弟弟狂奔，径直奔跑了一公里，他接连敲了三户人家的大门，到第三户的时候，有一个叫南希的人给他开了门。

当南希打开家门时，她被眼前的景象惊呆了，一个才1米高的小男孩，光着脚，满脸恐惧，手上抱着一个正在哭泣的婴儿，还没等南希反应过来，男孩冲着她大喊："我妈妈在公路下面，求您快去救她。"

听完男孩的讲述，南希跳上车前去援救。消防人员也随后赶到。男孩妈妈被送往哥伦比亚医疗中心重症监护室。在昏迷了10天后，她终于睁开眼睛说话了。

这个故事的确令人震撼，一个五岁的男孩，还未对社会有全面的认识，怎能有这样的勇气和应变能力？无疑，这种应变能力是不断培养和积累获得的。那么，现在我们来假设一下，假如我们的孩子也遇到这样的情况，他是否也能做到如此镇定、毫不畏惧呢？

那么，我们该如何培养孩子的应变能力？

1.在日常生活中培养儿童的勇气

在合理的范围内，可以让孩子大胆地做自己想做的事，一个敢作敢为的人，才能有勇气、有信心面对突发问题。值得一提的是，攀爬、蹦跳、奔跑乃至一些竞技类的游戏可以培养孩子的勇气。当然，活动中安全必须是第一位的。

2.平时就培养儿童稳定的情绪

我们不得不承认，孩子本身是比较情绪化的，很多孩子在控制情绪上做得并不好，他们一遇到问题就牢骚满腹，或者求助于家长。对此，我们要告诉孩子：不管遇到什么情况，你都不要惊慌害怕，只有冷静的头脑才能进行理智的思维，也才能找出解决问题的方法；为此，你不妨做一做深呼吸，然后告诉自己："没什么大不了的。""我能搞定。"

3.教会儿童独立应对生活中的一些问题

不管做什么事，总会有一个从不会到会的过程。我们可以让孩子独立去面对一些生活中的小问题：比如，妈妈不在家，让孩子自己做饭吃；家里来了客人，让孩子主动打招呼等。

4.告诉儿童如何找到问题的关键点

突发状况的出现，肯定是因为有个环节出了问题。因此，你要告诉孩子，在他冷静下来后，要重新审视事情的全部过程，找到关键问题，然后有的放矢地进行补救。

5.学会从宏观角度把握问题

在一些难题面前，如果儿童只是着眼于手上的事，并一门心思想去解决，那么，他很可能陷入思维的局限中。此时，我们可以给孩子一点点拨，因为我们成人的思维格局相对孩子要更广阔，而只有从宏观角度把握，才能省去很多烦琐的思维过程。

总的来说，我们在日常生活中要多训练儿童的思维能力，思维能力提高了，孩子的应变能力自然也就会有所提高。

告诉儿童，生命安全永远是第一位的

有人说，生命是一曲优美的交响曲，是一篇华丽经典的诗章，是一次历尽挫折与艰险的远航。我们歌颂生命，因为生命是宝贵的，它属于我们每个人且只有一次；我们热爱生命，因为生命是美好的，它令我们的人生焕发出灼灼光彩。健康、平安是生活赐给每一个懂得它意义的人最好的礼物。

为人父母，我们都希望孩子能健康平安地成长，但我们不可能保护他们一辈子，我们有必要教导儿童从小开始学会保护自己，尤其是保障自己的生命安全。儿童缺乏一定的自我认识，因此对他们的安全教育十分重要，家长不要认为儿童每天接触的范围小，就不加以重视，其实很多危险都是在不经意间发生的。所以，家长应该适时对儿童进行安全教育。

然而，部分家长对儿童的安全教育不太重视，他们认为自己每天都能陪伴儿童左右，不会发生什么意外；一些家长相对重视但也不知道从何教起，因此会将这方面的教育依托于老师和学校的课程。但其实，儿童的安全教育应该要从小重视，并在日常生活中潜移默化。

1.避免遭遇暴力侵害

儿童难免会遭到同龄人欺负，稍大一些的孩子可能会被一些社会"小混混"恐吓、勒索，甚至早前一些新闻上报道的幼儿园老师虐童事件都让我们不得不重视儿童遭受暴力对待的问题。

儿童年纪小，对于危险的意识不强，家长应该要提前教儿童一些保护自己的技巧，不要等悲剧发生了才意识到安全教育的重要性。家长平时可以陪儿童一起观看一些安全教育片，一边看一边指导儿童思考。父母要告诉儿童生命安全是第一位的，遇到类似被恐吓勒索的情况决不能逞强，钱是小事，要尽量避免自己受伤害。

　　家长要告诫儿童，避免单独出门，尽量不去人少的巷子、网吧这些人流复杂的地方。如果感觉有危险，应该尽快逃离，去到人多的地方寻求大人的帮忙。同时，儿童如果遭到暴力侵害，要记住坏人的样子，事后及时报警。

　　儿童最容易在放学的路上遭遇坏人，因此如果父母有事不能接儿童放学，家长可以托可信赖的人帮忙，或者叮嘱儿童与顺路的同学结伴而行。在无法接儿童的情况下，家长最好提前通知老师，请老师留意或帮忙。

　　2.面对诱拐的坏人

　　儿童年纪小，分辨能力低，他们很难分清陌生人和坏人之间有什么不同。家长在教育儿童的时候，都喜欢告诫儿童"不喝陌生人给的饮料，不吃陌生人给的糖果"。儿童在外面玩的时候，家长千叮万嘱儿童"不与陌生人说话"，但是我们往往忽视了儿童是否能够了解谁是"陌生人"。

　　有时候妈妈带着宝宝出门，常常会鼓励他们叫叔叔阿姨好。这些叔叔阿姨对儿童来说明明也是个陌生人，但是家长却让自己向他们示好，这样的行为就让儿童感到很困惑了。而且当儿童走失或者迷路的时候，我们也经常鼓励儿童去寻求身边大人的帮助，这也是鼓励儿童"和陌生人交谈"。

　　因此，家长不应只是单纯地告诫儿童避免和陌生人接触，而要尽可能让儿童学会分辨陌生人和坏人。常见的5类拐骗坏人分别是：向儿童求助的大人、给儿童看宠物照片的大人、叫儿童名字的陌生人、告诉儿童家里有紧急情况的大人、想给儿童拍照的大人。家长要让儿童意识到，当有这5类"居心叵测"的大人向他接近时，应立刻跑开，不要听他们说话，更不要跟着他们走。

叮嘱儿童不要轻信陌生人，让儿童学会拒绝陌生人的诱惑，而且即使是儿童曾经见过的人，也要告诉儿童不要轻信。父母可以教儿童一个方法，就是如果有陌生的叔叔过来搭讪并主动提出要送儿童回家，可以让儿童骗他说自己做警察的爸爸正赶过来接自己，用警察的名义吓跑坏人。用"撒谎"的方式来聪明地保护自己。

3.如果走丢了怎么办

刚才还牵着儿童的手走得好好的，儿童松手去看橱窗的娃娃，一转眼就跟妈妈在商场中失散了。家长要提高警觉意识，尽量避免这些情况发生。在人多的地方，尽量牵好儿童的手，让儿童时刻都在自己的视线范围内。

家长可以在每次出门之前，就先跟儿童"约法三章"，预先说一下万一走丢了怎么办，让儿童能够有一个心理准备。家长尽可能地让儿童背熟爸爸或者妈妈的姓名和手机号码，告诉儿童万一走丢了，就可以求助警察叔叔或者商场的工作人员打电话给爸爸妈妈来接自己。

如果是在商场中走丢的，就向附近的保安或者工作人员求助，请他们用广播寻找父母。

另外，告诫儿童在与父母走散时，不要随便碰到一个人就说自己的父母不见了，更不能随便跟陌生人走，不然很容易会遇到诱拐孩子的坏人。

4.交通规则要遵守

好动的儿童满街跑，一不小心就会有安全事故，因此家长不能对马路安全疏于防范。

儿童年龄比较小的时候，家长可以在日常生活中和孩子做一些简单的小游戏，如"红灯停、绿灯行""过马路走斑马线"等游戏，让儿童在游戏中初步建立交通规则意识。年龄稍大，社会认知意识提高，家长在和儿童出行时可以在马路上引导儿童学会简单地评价自己和他人的行为，判断这些行为的对与错。这样，幼儿不仅有了交通规则意识，同时也能在实践中锻炼并加深对规则的认识。

另外，一些动画片也可以作为教育儿童交通安全的学习资源，寓教于乐，增强儿童学习兴趣的同时能够培养儿童安全出行的意识和习惯。

5.增强火灾、地震的自我保护意识

虽然说火灾、地震这些危害不常发生，但还是要有忧患意识，为了孩子的健康和安全，家长和老师应该及早教给他们一些必要的安全常识以及处理突发事件的方法，注意培养孩子的自我保护能力及良好的应急心态。

建议家长可以用动画、游戏的方式作为安全学习的入门。家长可以对动画片里面提到的知识做进一步的解释和深化，必要时还可以做一些小游戏来进行演习实践。比如，遇到危害要大声呼叫，遇到火灾、地震等要采取简单的自护措施，不要乱跑、等待救援。让儿童在演习中学会如何冷静面对灾害。

家长任何时候都必须告诉儿童，遇到危险他应该先跑。因为儿童毕竟只是儿童，他本就弱小，他需要做的是先保护自己。儿童遇到危险自己先跑，还有机会去找专业的人来帮助其他人，能够帮助其他人的机会更多，这才是真正意义上的勇敢。

另外在日常生活中，家长应教给孩子简单的应对意外伤害的方法，如手指被割伤、流鼻血、被开水烫了时，应怎样减轻伤害等。

教儿童维护自己的正当利益

作为父母，我们都一直充当着保护孩子的角色，但对孩子的保护不仅仅是身体上的保护，还有心灵上的保护，其中就有权益的保护。因此，在孩子小的时候，父母就应向他们灌输这样一种思想：能够体谅他人是你的美德，但你一定要学会爱自己。

的确，如果孩子一直都不懂得维护自己的正当利益，长大之后，他就会在一味满足别人的需求中失去"自我"。因此，不想孩子很容易就失去"自我"的家长，在孩子们还小的时候就要告诉他：要维护自己的正当利益，要学会爱自己。

3岁半的优优很在乎别人对她的评价。在一次画铅笔画时，坐在她前面的同学向她借橡皮。优优只有一块橡皮，但她毫不犹豫地借给了同学。但同学用完橡皮后竟忘了还给她，由于她胆子很小，画画时不敢说话，所以她没敢和同学要。结果这次她画得画乱七八糟。

那天，学校老师给妈妈打了电话，当妈妈问她为什么没有画好时，她竟委屈地说："都怪我当时没有橡皮。"

妈妈奇怪地问："你不是有橡皮吗？"

这时，优优才把同学跟她借橡皮的事情告诉了妈妈。

妈妈听后，细心地跟她说："能够热心地帮助别人，说明你是个善良的孩子。但你有没有想到，把橡皮借给同学之后，你再用橡皮怎么办，这会不会影响你的学习？"

"但如果我不借，同学会说我小气的。"

"妈妈并不是让你不借给别人东西，只是想告诉你，别人的评价重要，但自己的正当利益更重要。"

听了妈妈的这些话，优优似懂非懂地点了点头。

当今社会，一味地忍让，只会把唾手可得的机会让给别人，这样的人又怎能出类拔萃、脱颖而出呢？而更为严重的是，长期的忍让，会让孩子陷于低落的情绪中，对于孩子的身心发展也是不利的。

另一位妈妈说："我的女儿美美总是退缩。不只是她手里的玩具，甚至公共场合的物品，比如体育器材，如果有其他人或小朋友要用，她也会退缩。开始我只是担心她的胆小，还没有想太多。后来听一些课程和看书，知道了小孩子的东西被抢走，其实她的小心灵会受到一次创伤，她如果不能直接面对抢东西的人，她就压抑了被抢东西的负性情绪，这种负性情绪如果不能及时释放出来，积累下去就成了心理问题——这恐怕才是最可怕的后果。可是，我该怎么办呢？

"昨天，我去接美美放学。宝贝一出来，就扑到我怀里，很委屈地说：'妈妈，××把我的鞋子拽坏了。'要知道那双凉鞋是我才买的，美美很喜欢的。一下子被弄坏了，美美心里肯定会伤心的。我询问原因才知道，原来是在午睡时，被同学恶搞的。美美还自信地告诉我：'我已经告诉老师了，老师已经批评他了。'听了此事后，我很想去找老师。但我冷静下来想了想，难道为了这点事再去和老师交流？其实只要老师清楚事情缘由，我也不必小题大做。于是，我蹲下来用温柔的口气对宝贝说：'没事的，下次你要学会保护好自己的东西，不要让别人再破坏你的东西了。'美美对我点点头。其实，我知道美美是很脆弱的，不懂得去还击别人。这一点，做妈妈的我很失职。其实，就像这类的事，这是第二次了。事不过三，以后再发生此事，我该怎么做呢？"

这两位妈妈遇到的情况恐怕也是很多孩子的父母遇到的，当然，当孩子的权益被侵犯时，父母应该保护孩子，要及时地鼓励你的孩子，如果他不喜欢别人这样对他，请直接告诉对方，要大声说："我不愿意把这个玩具给你玩，请还给我。"

另外，也要注意教育儿童与人分享，但与人分享是在规则和礼貌的条件下的，而不是在利益被侵占的情况下。你与我有礼貌地商量，则我愿意与你分享；你与我分享，则我也与你分享。在现代社会中，孩子们需要竞争，也需要懂得社会规则。让孩子懂得这些规则，才能让他在未来的社会竞争中永立不败之地。

告诉儿童要敢于拒绝别人

谦让是中华民族的美德，大多数父母也都明白一个道理，即孩子最终要走向社会，要在群体中生活。与人分享，才能得到别人的信任、支持和尊重，因此，父母们要让自己的孩子学会与人分享，养成慷慨、大方、谦让的美德。但任何事情都要讲究一个度，若是轻易承诺了自己无法履行的职责，将会带给自己更大的困扰和沟通上的困难。

孩子学习拒绝别人要越早越好，尤其是对于事物有初步认识的儿童，学会拒绝，是他们保护自己的一种有效方式，比如，拒绝居心叵测的陌生人的求助，能让儿童免于伤害。但有些儿童不会拒绝别人，究其原因是父母包办太多。比如，家里来了小客人，父母总是希望自己的孩子能表现得很好客。于是，当别的儿童想要这个玩具或者那个玩具，而自己的孩子恰好也喜欢，父母可能出于礼节，总是极力说服自己的孩子放弃需要，来满足小客人的要求。从儿童成长的角度来说，父母的这种做法剥夺了孩子自己做主的权力。

也有一些家长"越俎代庖"，有些儿童虽然有不愿意的情绪，但是因为胆量较小，不敢自己去拒绝，这时，好心的家长往往会替儿童拒绝他人，从而维护孩子的权益。这样做的结果就是，孩子失去了实践的机会，从而胆量越来越小，越来越不敢开口说"不"。

总结来说，儿童不敢拒绝别人是由于家长的错误教育。家长要把儿童培养成一个勇敢的人，就必须为他制订规矩，鼓励他大胆拒绝别人，但这个过程也需要家长的引导，因为拒绝别人实在不是一件容易的事。有些儿童在拒绝对方时，因感到不好意思而不敢据实言明，致使对方摸不清他的意思，而产生许多不必要的误会，同时也容易给自己心理造成负担。大胆地拒绝别人，是相当重要却又不太容易的事情。教会孩子学会拒绝别人，将使孩子受益终身。那么，家长该怎么做呢？

1.教儿童泰然接受他人说的"不"

在日常生活中，即便是在孩子小的时候，作为父母，你也应该在孩子头脑中强化一个概念：别人的东西不属于我。这

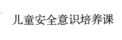

样，他们就明白了拒绝别人的必要。

2.让儿童坚持自己的决定

有些孩子不敢拒绝同伴的要求是因为害怕别人不跟自己玩，害怕被孤立，于是，别人要什么东西，他就会拱手奉送，可是，事后他就后悔了，常发生在年龄较小的儿童当中。这就需要家长逐渐培养孩子的果敢品质，自己说过的话、做过的事，就应该勇敢承担起责任来。

3.教儿童正确认识"面子"

孩子不敢拒绝他人还可能是为了照顾面子。比如，虽然自己的钱都是父母给的，但当别人来借钱去玩游戏时，为了面子还是借给了别人。有些孩子甚至发展到别人叫他去做一些不合纪律的事情他也会违心去做。可见，要想让孩子学会拒绝就应该教孩子正确认识面子。

4.教给儿童委婉拒绝的技巧

拒绝别人某些无法接受的要求或者行为时，父母要教给孩子应注意的方式、方法，不可态度生硬，话语尖酸。要告诉孩子，先不要急着拒绝对方，可采用迂回委婉的方式说明自己的实际情况，既不违反自己主观意愿，还可以给对方一个可以接受的理由。

其实，儿童在与小朋友自主交往的过程中，能学会有效地拒绝别人，也能学会友好地与他人相处，这同样是孩子成长过程中不可缺少的一种经历。如果儿童能够在自己的权益受到侵犯时勇敢地拒绝他人，那么，当父母的就可以不用那么替孩子操心了。但当孩子没有勇气拒绝的时候，家长就可以尝试上面的几种方法。

总之，父母所要做的，就是教会孩子如何平和地、友好地、委婉地拒绝别人的要求。同时教会孩子泰然自若地接受他人的拒绝，而不是为孩子解决、包揽问题。教孩子学会拒绝，是父母对儿童独立性和自主精神培养的一个方面，敢于拒绝、勇于说不的孩子才是真正勇敢的孩子！

在游戏中对儿童进行安全教育

作为父母，我们都知道，儿童年龄小，缺少知识经验，缺乏独立行为能力，然而又好奇、好动、好探索，在活动中对危险事物不能做出正确判断，不能预见行为后果，面临危险时不会保护自己。因此，父母不但要为儿童提供一个安全的生活和学习环境，还要认真对待儿童的安全工作。但同时也要注意，我们不能只重视儿童的被动保护，通过取消可能有安全隐患的活动来保证安全，或者为了安全不惜降低教育的要求与标准，为了安全限制儿童活动的范围，将"安全带"紧紧地系在儿童的身上，忽视了对儿童主动自护的积极引导，使儿童不能自由地活动、自由地游戏，这样的过度保护对儿童的全面发展十分不利。儿童的安全需要成人的保护，但更重要的是通过安全教育，提高儿童的安全意识与安全防范的知识和技能，使他们能处理生活中可能出现的一些紧急情况，避免安全事故的发生。

如何对儿童进行安全教育是困扰很多家长的问题。事实上，众所周知，儿童最喜欢的活动莫过于游戏，而将教育内容与游戏融合到一起，能使生活技能在轻松、愉快的游戏活动中得到巩固，这不但不会增加儿童的负担，反而会使这种安全意识和技能成为儿童日常生活的习惯。

事实上，在国外的很多家庭和幼儿园中，儿童游戏时间比例非常大，他们的安全教育是与孩子们的游戏融合在一起的，并更多地与生活相结合，让儿童在玩中自己去体会什么是安全，从而让孩子逐渐形成一种安全意识，提高应对危险的能力。

比如，当儿童独自在家的时候，面对陌生人，他们很可能因为缺乏自我保护意识而引狼入室，让自己陷入危险境地。正因为发现这一点，国外的不少教育部门推荐学校和社会为孩子进行一次"演习"，当地的警方也参与到这样的专题"演习"中，专门为孩子制作了独自在家的安全手册，让孩子在涂涂画画中记住应对陌生人的一些安全守则，如接听电话时，不要在电话中向陌生人透露自己的地址、姓名等相关信息，如果发现可疑的地方要打电话报警等。对于这样的自我保护教育，幼儿园要求家长也参与，将这些安全守则转换成亲子游戏的一部分，让孩子在与家长的游戏过程中学会自我保护的技能。除了让孩子们学会避免生活中人为造成的危险，美国幼儿园每月进行一次火灾、暴风雨等灾难的逃生演习，让孩子们掌握逃避自然危险的能力。

我们也要非常重视儿童的自我保护教育，因为真实的生活是充满各种危险因素的，让孩子学会在生活中保护自己不受伤害是非常必要的。

以消防安全教育这一主题为例，父母可以与幼儿园协商和孩子进行一次游戏。

例如，可以带领孩子参观消防车和消防器材，如果孩子对这一过程感兴趣，可以为孩子做一次火灾逃生自救以及灭

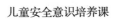

火的模拟表演。表演过程中，可以让儿童学习匍匐前进，用湿毛巾捂住口鼻以免吸入有毒气体或者烟尘，并正确地使用灭火器等。

另外，家长还可以带孩子做角色扮演的游戏，比如：

（爸爸戴上墨镜扮演陌生人，妈妈扮演邻居阿姨，小孩假装独自在家。）

陌生人："快开门！"

孩子："你是谁呀？"

陌生人："查煤气的。"

孩子："我爸爸倒垃圾去了，他马上就回来，你稍等一下。"

陌生人："赶快开门，我查完煤气还有许多别的事！"

孩子："邻居的阿姨在家，你先查她家的。"（大声地）"马阿姨——有人查煤气——"

（陌生人慌慌张张地走了。）

邻居阿姨：（开门出来）"这肯定不是查煤气的！是个骗子！"

这种角色扮演可以让孩子知道，在某些情境下如何应对才是正确的，同时也使他们在日常生活中遇到突发状况时不必感到恐惧。

总之，父母要学会寓教于乐，因为儿童最喜欢的是游戏，在游戏中学习安全知识，是儿童最喜欢的方式，也是最容易让儿童学会的方式。在游戏中，儿童通过角色扮演，能进一步巩固安全知识技能，并在游戏中予以运用，能让儿童切实将安全知识运用到社会事件中，进而提升他们的自我保护能力。

第02章

游戏安全，告诉孩子在自己的安全区玩

　　成长期的儿童常常在娱乐和游戏中认识自我，通过选择决定玩什么或者做什么、和谁一起玩等，逐渐丰富自我概念，并获得身份认同。然而，孩子是缺乏自制力的，如果不加以约束，很有可能受到伤害。因此，家长需要与之制订规矩，让孩子在自己的安全区玩，让孩子拥有一个健康快乐的童年。

禁止孩子玩火

对于我们成人来说，火简直是家庭中最令人担心的东西，仅仅是想象一下，都令人色变；如果可以，真想永远不让孩子知道火。然而，抛开对孩子的担忧，打开久远的记忆阀门，看看在我们自己作为孩子的时候，火留给我们的又是什么样的一种印象？真的那么可怕吗？小孩为什么喜欢玩火？

孩子玩火，其实是因为"好奇"与"乐趣"。5～8岁的孩子最爱玩火。这个年龄段正是开始注意身边事物的时期，他们对什么都感到好奇，探索欲极强。而火之所以能满足他们的需求，引起他们的好奇心，恰恰在于它的神秘和多变。

教育研究者在一些喜欢"玩火"的孩子中间进行了随机调查，发现这些孩子普遍有这样的心理：孩子认为，火在燃烧时色彩的多变，让他们觉得很神奇，或者"擦火柴时很香""我喜欢爆竹的香味"……有些孩子喜欢玩火，可能仅仅是喜欢东西烧着后的气味。与火相关的气味很多，有打火机打火时的汽油味、烧纸的焦味、烤红薯的香味等，这些都可能成为孩子玩火的诱因。另外，在火烧毁物品后，孩子会对火的"威力"产生好奇——那衣服、鞋子烧完后会变成什么呢？还有爸爸的手机、名片、钱包，也都能烧着吗？烧完后又会变成什么？一次偶然的经历，会引发孩子的各种探索。

1."爸妈不让玩，我偏玩。"

孩子不是完全不知道火的危险，但是在5～8岁这个年龄段，孩子的逆反心理很强，大人不让玩，他们就偏要玩。于是容易趁大人不在家的时候玩；大人在家的话，就躲在大人看不到的地方玩，比如衣橱里，床底下，甚至是被窝里——这正是最危险的地方。

2.一个人在家，太无聊

孩子玩火的时间大多是寒暑假期间，因为空闲时间多，能玩的东西都玩遍了，不知道还能玩点什么。这时候，一些平时禁止玩的东西就会冒出来。也许开始只是想想，或者告诉自己只玩一下，但后来连自己都不知道怎么就玩开了，玩大了。

3."爸爸可以，为什么我不可以？"

有调查显示，来自吸烟者家庭的儿童，玩火的几率比无吸烟者家庭高出一倍。大人禁止孩子玩火，可是自己兜里却经常揣着打火机，孩子就会有疑问："爸爸可以，为什么我不可以？"在这种不服气心理的作用下，孩子很容易偷偷模仿。而且，吸烟家庭打火机或火柴随处可见，更为孩子玩火提供了方便。

那么，我们该如何引导和制订规矩，禁止孩子玩火呢？

首先，父母要把火柴、打火机、蜡烛收起来，不要让孩子随意摆弄家里的电器、煤气、灶具开关等，家用电器、家用燃气都存在火灾危险性，孩子应当在大人的监护下安全使用。

此外，我们可以用"以毒攻毒"的方法。实践证明，这个办法很有效。我们可以让孩子看到玩火的后果，比如，每次看到火灾新闻报道时，可以让孩子一起观看，让孩子感受到玩火的严重性。

另外，父母一旦发现孩子私自玩火，应该进行严厉教育并给予相应的惩罚，比如适当剥夺一个他最在乎的东西，或者延迟满足一次他最想做的事情。而且，家长一定要说到做到，让他知道，做了错事要为自己的行为负责。

告诉孩子电是会隐身的大老虎

作为父母，我们都知道，电在家庭中的使用非常普遍。儿童极容易因为好奇心强、到处摸来摸去而引发触电危险。如果一不小心让孩子因好奇心与无知，触摸到带电的危险区域，一秒钟的疏忽，就可能造成终生的悔恨，后果不堪设想。我们要告诉孩子电是会隐身的大老虎，并要告诉儿童防触电安全知识。

以下是一些家中防触电小常识。

告诉儿童电有许多用处，我们日常生活中不可缺电，但电也很危险，人若触电后会受伤或被电死，因此小孩子不能玩电器。

家里的插座里都有电，告诉孩子不要用手指或者玩具去戳或者捣，一旦触电会引发生命危险。

儿童在户外活动，告诉他不要在高压线下嬉戏打闹，不要爬电线杆，也不要用手拉电线，以防触电。

家中使用安全电器，应到正规商店购买电源插座、台灯，认准安全标志标识、出厂证明和检验合格证。在孩子出门前告诉他要关闭电源。

让孩子学习一些电力基础知识，比如认识开关，学会在紧急情况下关断总电源。教导孩子不用手或导电物（如铁丝、钉子、别针等金属制品）去接触、试探电源插座内部。

不随意拆卸、安装电源线路、插座、插头等。哪怕是安装灯泡等简单的事情，也要先切断电源。

发现有人触电要设法及时关断电源，或者用干燥的木棍等物将触电者与带电的电器分开，不要用手去直接救人。

家长要告诉孩子在使用完某种电器后要及时拔掉插头。

以下是父母要告诉孩子的几点触电急救知识。

1.切断

当发现有人触电后，要迅速切断电源，并找出能绝缘的木条、棍、杆等顺手工具，挑开触电者身上的电线。

2.检查

立即检查触电者的心跳、呼吸等情况，就地抢救，及时进行人工呼吸和胸外心脏按摩。同时呼叫120急救服务。

3.送医院

不中断人工抢救，联系医院并立即送往就近医院。

在使用插座时要注意以下几点儿童防触电常识。

1.封堵

孩子喜欢把东西放进插座里，如发夹、钥匙、指甲、别针和铅笔。他们会坚持将东西放在嘴里或者试图塞进插座里。所以要封堵家里的电源插座，防止孩子将物品塞进插座里面。

2.隐藏

可以将电源插座隐藏在沙发或椅子下面，或者是孩子难以触及的地方。不要频繁插拔电源插头。

3.防水保护

水枪看似是安全无害的玩具，但是，当孩子将它对准电源插座时，它就变得很危险。另外，正在学习如何如厕的孩子，会将小便撒向电源插座，造成触电或引发火灾。浴室中的插座尤其需要防水保护。

4.如何保护孩子

（1）孩子能够得到的所有插座都要用绝缘的塑料制品保护好或者对插头进行保护。

（2）告诉孩子要远离那些带电物体。

（3）所有的电器，用完后立刻放回安全的地方。

（4）如果父母在家中设置了临时的电线，在使用完后要立即收起来，不要让孩子接触到。

（5）注意电热恒温开水器的水温和摆放位置，以免孩子触摸或碰倒。

（6）风扇、电取暖器等家用电器要放在安全的地方，或用围栏围住。

家庭中如何防止儿童被烫伤

大家都知道，小孩好动，而且没有危险意识，所以很容易发生意外的烫伤和烧伤，日常生活中很可能打翻热水、不小心碰到锅沿等，这些情况都会导致孩子烧伤或者烫伤，这就要求家长在平时生活中多加注意，尽量让孩子远离容易烫伤自己的东西，并且要为他们规定嬉戏打闹的规矩，不可触碰容易烧伤、烫伤的危险品。

那么，如何防止孩子烧伤、烫伤呢？这是每一位家长都应该掌握的问题。烫伤会给孩子的身体和心理带来很大的伤害，不利于孩子以后的健康成长。家长要想防止小孩烫伤和烧伤，就要看管好孩子，对他们进行教育，不要让孩子做危险活动。

家长平时要教育孩子注意一些安全问题。比如，要告诉孩子不要乱动家里的热水壶、饮水机等，如果要烧热水可以求助大人，对于大点的孩子要求他们自己烧水要防止烫伤。

儿童自己洗脸、洗澡，要先放冷水再放热水，以免烫伤手、脚。使用热水袋或取暖瓶时要盖紧盖子防止漏水，外加布套或裹毛巾置于脚后远处，不可紧贴儿童身体四肢。

告诉孩子刚从锅中取出的食物不要立即用手去拿，要放凉点才能接触。刚做好的热汤和粥类也不要让孩子立即食用，更要避免孩子因打翻食物而烫伤。最好不要在餐桌上铺桌布，孩子会因一时贪玩扯餐桌布而烫伤。

冬天暖气片要有护栏，炉子也要有木栏，防止孩子因走近火炉而烫伤。在农村，一些烧火的工具也要放到孩子够不着的地方，刚扫出来的炉火也要防止烫伤孩子。

家长吸烟尽量远离孩子，因为小孩子贪玩，可能会突然走近，家长也不要让孩子在家玩打火机、火柴。

如果儿童喝的是奶粉，给孩子冲奶粉的时候不要用过烫的水，有些家长一着急用开水给儿童冲奶粉，这样很容易烫到儿童。另外抱着儿童喂奶时一定要远离热水壶或者热水杯，以免被儿童踢倒发生烫伤。

如果儿童处于1岁左右，冬天需要使用热水袋，一定要将适宜温度的水装在热水袋中，然后找个毛巾将热水袋包裹起来放在儿童身边，千万不能装过烫的水，以免烫伤儿童。

如果儿童处于2~3岁这个年龄段，应该把高温热源放在远离他们的地方，如果孩子稍微大点可以贴些警示标识防止烫伤。

以上就是对如何防止儿童烫伤的介绍，家长可以按照以上注意事项多加注意。另外如果儿童烫伤，切忌自行涂抹牙膏、油等不利于散热的东西，这样只会加重疼痛。应第一时间用凉水冲洗15分钟左右，然后及时送去医院处理。

总之，烫伤、烧伤是一种常见的儿童意外伤害。儿童活动量大，又缺乏自我保护和自理生活的能力，如成人在处理热水、热汤、火种、化学品、电器等事物时不注意，常易发生儿童烧伤、烫伤事故。孩子烫伤大多源于父母的疏忽，预防儿童烫伤的最好方法，就是杜绝任何可能造成烫伤的状况。

如何防止儿童游戏时意外受伤

　　据报道，在某村，有一个7岁女孩掉进深井，只因向小伙伴逞强说，自己敢在井边玩，还把腿放在井沿，结果不小心掉了下去。庆幸的是，经过消防救援人员的紧张救援，被困小女孩成功获救，但受到不小惊吓。

　　无独有偶，7岁的妞妞丢掉了三轮单车，很快就学会了爸爸新买的两轮单车，和她同岁的好伙伴倩倩别提多羡慕了。一天，艺高胆大的妞妞自告奋勇地在后座上带上了好朋友在小区花园里兜圈圈。突然，从旁边蹿出一只小狗，妞妞的车子一阵摆动，后边的倩倩一下子也慌了神，手脚乱动，小腿一不小心被单车后轮卡住了，疼得她直流眼泪，两家大人急急忙忙带着孩子上医院，X光一照，腓骨骨折。

　　儿童在玩耍和游戏中，因为缺乏自我保护意识而受伤的案例屡见不鲜，这是当今很多父母在育儿中遇到的一大关键问题。

通常情况下，父母往往比较关心儿童的营养和健康问题，但真正给儿童带来危险的却不是这些，而是意外事件。

据统计，10岁以下儿童因伤害致死的可能性是疾病的两倍。而且至少有三分之一的儿童曾因发生意外事故需要到医院就医。

那么，为什么儿童这么容易受伤？

儿童正处于快速发育阶段，他们每天都在不知疲倦地运动。此外，儿童有很强的好奇心，但又由于大脑发育不成熟而缺乏判断。大量研究发现，大脑中的前额叶皮层与控制冲动有关对于儿童来说，他们的大脑正在发育中，前额叶发育还不够成熟，自我控制能力较弱，所以更爱冒险。

通常，男孩比女孩更好动，也更爱冒险，受伤害的几率更高。另外，贫困地区长大的儿童伤亡可能性相比富裕地区儿童要大。

那么，如何避免儿童受伤？避免儿童受伤可以采取以下措施。

1.父母尽量降低风险

比如，为窗户装上护栏，将电源插座用盖子盖上，把家中的针线、剪刀等锁起来，为儿童戴上自行车安全头盔，带孩子出行时刻注意汽车、走斑马线等。

2.经常带孩子进行科学锻炼

儿童易受伤多数源于自身发育不成熟，科学锻炼可以帮助他们提高自身的控制能力和反应能力，毕竟父母不可能时时刻刻在身边保护他们。

3.在确保安全的情况下鼓励他们冒险

儿童自身控制和判断能力的提高，需要在实践中体会，过度保护和限制只会增大以后的风险。冒险本身有利于儿童成长，但必须在确保安全的前提下进行。

4.培养孩子的规则意识

对于可能存在风险的行为，父母要教会孩子遵守常识和规则，比如，过马路走斑马线，不要把锋利的东西对着自己和他人，等等。

5.加强营养，适量运动

多运动，多晒太阳，适量补充维生素D和钙剂，既有利于骨骼逐渐变得强壮，同时也为一辈子的身体打下基础。根据生长发育规律，35岁以前，人体内的骨量在不断地增长、沉积，是储备阶段；35岁以后开始按一定的比例丢失，骨量减少。维生素D和钙剂是使骨量增多的原料，运动能使骨的强度增加，二者相辅相成。

总之，我们父母让孩子避免意外伤害，是为了让孩子能够更健康、快乐地成长，但这并不意味着孩子不能出门玩耍。嬉戏是孩子童年中非常美好、值得回忆的事！我们要多用一些心思，让孩子少受伤害，少承受一些不必要的伤痛，给孩子一个安全、幸福的童年。

儿童在游戏中意外受伤如何处理

孩子天生就喜欢玩儿，游戏能给孩子带来无穷的乐趣，但这并不代表游戏没有任何危险，因为在孩子们的嬉戏中，潜藏着种种危机，随时有可能给孩子们造成意想不到的伤害！那么，孩子们意外受伤该怎么办？

1.擦伤与划伤

擦伤、划伤在儿童游戏中很常见，也是家长最为熟悉的意外，相信很多老师和家长都对此类伤害做过处理。不过，此类伤害的预防同样需要得到家长和老师的重视！

不管是哪类伤害，其实单靠家长或老师的监督，都是远远不够的，我们一定要让孩子明白，意外伤害究竟能够带来什么样的严重后果。孩子毕竟是孩子，他没有亲身体验，根本不会理解到危险的真正意义，所以家长不妨有针对性地为他设计一些场景，给孩子上一堂安全教育课，让孩子对危险和伤害有更为完善的认识。

我们可以在孩子游戏的环境和内容上做些精心安排，如带孩子去草坪上或塑胶场上游戏；在游戏前或游戏过程中，为孩子实施安全教育，认识身边的各种危险，并教会他们一定的安

全自救技巧与方法。

2.扭伤

在孩子的世界里，打打闹闹、你推我搡是非常常见的动作，我们也经常能够看到这样的场景。但是，在孩子们追逐打闹的过程里，稍有不慎，就会有扭伤出现。

其中，脚踝关节的扭伤是最为常见的。扭伤较轻的话，孩子只会感到稍有疼痛，严重的直接就能看到足面瘀青、肿胀，甚至寸步难行。关节扭伤，处理不当，很可能会旧疾未愈，新伤复发，变为习惯性扭伤，对孩子的运动机能影响极大。

当发现孩子扭伤时，家长或老师首先要检查其扭伤程度，看看孩子扭伤的部位是否有肿胀或是瘀血的情形。

如果脚扭伤后能持重站立，勉强走路，说明扭伤为轻度，可自己处置；如果脚扭伤后足踝活动时有剧痛，不能持重站立或挪步，疼的地方在骨头上，并逐渐肿起来，说明可能伤及骨头，应立即去医院拍片诊治。

扭伤后应立即休息，停止运动。护理的第一步是告诉孩子不要再转动已受伤的关节，其次是冷敷。在受伤的地方，每敷十五分钟，休息五分钟，这样的动作可以重复1~2小时左右。休息时，尽可能把脚抬高，可促进血液循环，减少踝部肿胀。

切记不要给孩子进行不恰当的推拿和按摩。因为在急性期推拿和按摩反而会加重出血。

扭伤初期，不需内服药、不宜外敷活血的药物，以免血流加速，肿胀加重。脚踝扭伤的治疗，不仅要解决疼痛，更要找出引起伤害的原因及预防再发的方法。

3.骨折

孩子喜欢追逐打闹，但孩子的平衡能力不是特别好，很容易摔倒，在倒地的时候，又没有任何保护动作，就很容易出现骨折现象。

大人摔倒，并不一定会出现骨折，这是因为大人的骨骼强度比较高，但是孩子的骨骼强度比成人要低很多，所以受伤后很容易骨折，而孩子出现骨折后的症状以及处理方法也和大人不一样。

为了防止孩子摔伤而导致骨折，不让孩子去进行游戏，这种教育方法，其实并没有太大的可取之处。一旦有意外发生，家长和老师了解骨折发生后的正确判断与处理常识，才是减轻孩子受伤害程度的有效办法之一。

孩子在骨折后，往往会有剧烈的疼痛，家长或老师一旦发现孩子有此类异常表现，应给予足够的关注。

当意外事故发生后，家长和老师首先要保持镇静，对伴有出血创口的孩子，要用干净毛巾或手帕进行包扎；若出血不止，可根据出血血管不同，在伤口的近心端或远心端紧急绑扎止血，但需记住每隔1小时要将绷带完全放松3~5分钟，然后重新绑扎，不然有造成肢体坏死的危险。

若出现骨折，应对骨折的肢体进行妥善固定，这样不仅能避免因搬运移动所造成的软组织、血管和神经的损伤，还能减轻疼痛，方便运送。开放性骨折要先用消毒纱布包扎患处，再用夹板固定，无夹板的可用木棍、树枝、竹竿等代替。

包扎时，要在夹板上垫以衣服或布等软物，以防皮肤受损。包扎时要把伤肢的上下两个关节固定起来，先绑骨折上端，后绑下端。动作要轻，受伤部位不要绑得太紧。做完以上救治后，迅速将孩子转运，争取在最短的时间内到医院急救。

4.戳伤

玩具是每个孩子都有的东西，尤其是现在这个时代，很多家长不能经常陪伴孩子，于是就给孩子购买大量的玩具。但这些玩具中，可能存在尖利的部分，孩子一旦疯玩开，很难保证这些玩具不会伤及自己或别人。

此类伤害其实很容易避免，如家长平时不购买有尖锐棱角的玩具；当孩子玩此类玩具或就地取材，直接玩树枝时，大人要提高警惕。

当然了，孩子在成长过程中，对整个世界都充满了好奇，要是因为害怕孩子受伤，就剥夺了孩子的好奇心，自然得不偿失。这个时候，家长就需要花费大量的心血，做好必要的防护，既要培养孩子的兴趣与能力，又不能伤及孩子的安全。

跟宠物相处，安全事项要记牢

现在有越来越多的家庭喜欢在家养一只甚至多只宠物，不管是狗狗、猫咪还是其他的小动物。家长要清楚在家养宠物的一些注意事项，以免因没有留意而引起不必要甚至很棘手的问题。尤其是在有孩子的家庭，家长更要多加留意。

1.宠物的健康和卫生

这是家长首先需要考虑的，一些儿童看到流浪猫狗很可怜就要带回家，这是不可行的。宠物也是需要进行体检的，像狗狗要定期打狂犬疫苗，另外主人也要经常给它们洗澡。

在家里养宠物，一定要注意宠物的日常卫生，宠物的笼子、毯子都要定期清理和消毒，宠物也要定期驱虫、洗澡。尽量少带狗狗到不干净的草地上活动，在从户外回家后，要做好消毒和卫生工作。

另外，宠物的毛可能加剧人体的过敏症状，过敏症状一般包括过敏性鼻炎、过敏性结膜炎、荨麻疹和皮痒、皮疹等。在宠物引起的过敏反应中，皮肤过敏较为常见，而孩子最易中招。

日本医学研究人员的一项调查表明，儿童1岁前生活在饲养猫和兔子等动物的家庭，可明显增加罹患过敏性皮炎的概率，但饲养犬类并不会导致患病概率的上升。从事该项研究的专家

介绍说，促发过敏性疾病发病的并不是宠物脱毛导致的虱子增殖，而是与宠物的种类有着某种关联。

对于舍不得离开宠物可又对宠物过敏的人来说，要尤其注意卧室卫生。专家并不建议宠物和人居住在同一个卧室。养宠物的家庭要定期进行彻底的环境清洁，搬走地毯和家具、清洗墙面，一般过敏原水平会在1周以内迅速下降。最好能更换新床垫，且尽量不要拆床垫的膜，并用床罩将床垫罩起来，以免过敏原累积。在卧室内尽量别铺地毯，最好选择易于清洁的木地板或地砖。尽量不用布艺沙发，远离毛绒玩具，经常擦拭家具、橱柜等。

2.排便

带狗出去散步时粪便最好用塑料袋捡，用纸很容易污染手指。养宠物的家庭应当特别注意定期消毒，可以通过喷洒驱虫药、用干净的毛巾擦拭家具，来杀死可能存在于家中的蜱虫，养猫并任由猫在外自由玩耍的家庭更需要注意。

3.睡觉吃饭

日常生活中，在与动物接触时需要特别注意预防，尤其是养有宠物的家庭更要注意。日本大学医学部副教授荒岛康认为："不少家庭过于宠爱宠物，甚至和宠物用同一个碗，睡同一张床，这是非常危险的行为。因为动物的唾液中有各种各样的细菌，你有可能在睡眠中沾染它们的唾液，还可能通过餐具将它们的唾液吃进体内，这会大大提高感染的可能性。"

4.口腔疾病

以狗狗为例，其实大部分狗狗都患有牙周炎。医学专家指出，狗狗舔主人，是一种示好的表现，但也有可能将口腔细菌传播到人身上，导致主人患上口腔疾病。

在一次针对狗主人口腔健康的调查研究中，科学家留意到一种特殊的口腔细菌，它对健康具有潜在的威胁。这种细菌通常都能在狗狗体内发现，但极少在人体内发现。而在这次调查中，16%的狗主人体内都发现了这种细菌，其中大部分都常与狗狗有过度亲密的接触。

研究还发现，在接触过程中，人类同样会向宠物传播细菌。10种在通常情况下只有人类独有的牙周炎细菌，科学家也在狗狗体内发现了。

专家表示，人狗之间互相传染的口腔细菌可以依靠日常对人和狗的口腔清洁来控制。如果主人能让宠物口腔也保持清洁，例如定期帮宠物刷牙，就已足够让宠物的口腔比人类口腔更干净。其实，想要防止染上口腔疾病，最简单的做法就是避免亲吻宠物，体弱者和老年人须尤其注意。

5.小孩

宠物和小孩到底能不能待在一起呢？如果你的宠物打了疫苗，健康卫生的话还是可以的，但是需要注意的是不能让小孩子单独和宠物玩耍，一定要有家长在一旁陪伴，如果小孩子不小心被宠物咬了，一定要及时打疫苗以预防疾病。

6.外出断电

外出的时候如果留宠物在家一定要记得断电，排插线不要直接放在地上，宠物一般喜欢动来动去的，如果不小心碰掉插头、咬坏电线，就会导致漏电等危险情况。

7.训练宠物

这个是比较重要的，不是所有的宠物都很温驯，对宠物进行训练是很有必要的，像如何自行排便等；教宠物一些小技能平时还能带来乐趣，比如打滚跨栏等一些简单的技巧。

的确，很多人家里都会养猫狗作为宠物，尤其对于有小孩的家庭，宠物能给孩子带来很多快乐。但同时，养宠物需要很多耐心，与宠物接触时要注意，接触后也应该保持自己的清洁，以免不必要的麻烦出现。

第 03 章
校园安全，让儿童过快乐安宁的校园生活

　　一些父母认为，只要把孩子送到学校就万事大吉了，其实不然，孩子在校园是否安全，与孩子是否能安心学习、积极健康地成长有着密切的关系。孩子在学校有什么安全威胁、心情如何、学习成绩高低等，都是我们应该了解并关心的内容，我们应配合老师的教导，与老师一起帮助孩子快乐学习、健康成长。

告诉儿童，在学校要远离这些危险游戏

爱玩儿是孩子的天性，在孩子尤其是年幼儿童的世界里，游戏方式是丰富多彩的，各种游戏是他们的最爱。然而，有些游戏存在极大的安全隐患，稍不注意就会造成不可挽回的后果。尤其是到了幼儿园和小学后儿童脱离了父母的监督，父母更要告诉他们有些游戏不要玩，否则可能会伤害到自己。

1.荡秋千时嬉戏打闹

荡秋千是很多孩子喜欢的一种游戏，大人也喜欢玩。我们经常告诉孩子荡秋千时一定要抓牢秋千绳，这样才能不从运动中的秋千上掉下来摔伤，却忽略了教育孩子在别人荡秋千时注意安全，不能和正在玩秋千的孩子打闹嬉笑，否则不仅会影响玩秋千孩子的平衡性，更会使自己受到不必要的伤害。

有的孩子在排队等待玩秋千时和同伴玩闹，或在距离秋千很近的地方玩耍。这都是非常危险的，很容易被荡起的秋千或秋千上的孩子撞倒，后果十分严重。所以，我们要教育孩子在别人荡秋千时要避开，不可嬉戏打闹。

2.塑料袋套头

塑料袋给我们的生活带来了便利，本身并不危险，但对于有些孩子来说，塑料袋可能就是一件凶器。有的孩子在玩耍的时候喜欢把塑料袋套在头上当帽子戴，或者套在面部当面具，这些都是十分危险的做法，塑料袋随着呼吸贴近口鼻，孩子就不能大声呼救，容易使孩子因窒息而死亡。尤其是3岁以下的孩子，自己不懂得如何拿下塑料袋，在感到呼吸不畅时出于求生本能乱抓一通，反而会使塑料袋越缠越紧。家长要对孩子进行教育，通过警告、劝告让孩子放弃用塑料袋套头玩耍的行为。

3."拔萝卜"

一些家长会拉着孩子的双手或者脖子玩"拔萝卜"，认为可以长高，专家表示，长高是骨细胞分裂增生的结果，而"拔萝卜"这种游戏只是对肌肉和关节进行机械牵拉，身高不会因此发生改变。当孩子的头受到向上牵拉力时，颈椎可能被拉伤，甚至引发截瘫。

4.反着爬滑梯

不少孩子还喜欢反着爬上滑梯，他们觉得那样与众不同，显得自己很厉害。但是这样的玩法存在许多安全隐患。如反上滑梯会和顺滑滑梯的孩子发生冲撞，而顺着向下滑的孩子所带来的冲击会使反上滑梯的孩子受到伤害。孩子在反上滑梯的过程中很容易因为脚下不稳而摔倒，发生下颌损伤、嘴唇破裂、门牙磕掉等意外。

5.倒立

尽管儿童的眼压调节功能较强，但如果经常进行倒立或每次倒立时间过长，都会损害眼睛对眼压的调节能力。

6.滑板车

儿童身体正处于发育的关键时期，如果长期使用一只脚支撑滑板车，会出现腿部肌肉过分发达，影响身体的全面发展，甚至影响身高发育。此外，玩滑板车时腰部、膝盖、脚踝需要用力支撑身体，这些部位非常容易受伤。所以，孩子在玩滑板车时一定要做好防护，最好有父母陪护，并且在平坦宽敞的非交通区域玩耍。

7.碰碰车

10岁以下儿童不宜玩碰碰车。儿童的肌肉、韧带、骨质和结缔组织等均未发育成熟，非常脆弱，受到强烈震动时容易造成扭伤和碰伤。

8.掰手腕

儿童四肢各关节的关节囊比较松弛，坚固性较差，掰手腕容易发生扭伤。另外，如同拔河一样，屏气是掰手腕时的必然现象，这样会使胸腔内压力急剧上升，静脉血向心脏回流受阻，而后，静脉内滞留的大量血液会猛烈地冲入心房，对心壁产生过强的刺激。此外，如果长时间用一臂练习掰手腕，可能造成两侧肢体发育不均衡。

9.长跑

长跑对于孩子的各项身体素质有较高的要求，因为它属于典型的撞击运动，对人体各关节的冲击力度很高。对处于骨骼发育期的孩子来说，如果经常长跑，可能会造成关节处的骨骺发育不利。尤其是在坚硬的马路上进行冬季长跑时，对关节冲击力更大，骨骺容易出现炎症，从而影响孩子的身高。长跑也是一项心脏负荷运动，儿童过早进行长跑，会使心肌壁厚度增加，限制心腔扩张，影响心肺功能发育。

10.力量锻炼

儿童生长发育时都是先长身高，后长体重，而且他们的肌肉力量弱，极易疲劳。如果这个时候让孩子过早进行肌肉负重的力量锻炼，一是会让孩子局部肌肉过分强壮，影响身体各部分匀称发育；二是会使肌肉过早受刺激变发达，给心脏等器官造成较重的负担；另外还可能使局部肌肉僵硬，失去正常弹性。所以，父母不要让孩子从事大人常练的引体向上、俯卧撑、仰卧起坐等力量练习。如果要练习肌肉力量，从初中一、二年级开始比较合适。

11.极限运动

专家认为，儿童的体育锻炼，一要遵循儿童自身身体生长发育的规律，二要考虑儿童身体的解剖生理特点。孩子处于生长发育期，器官各方面还没有成熟，自然很难承受极具"挑战性"的极限运动，而且很容易造成损伤，如超过儿童身体自身承受能力几倍的大运动量，就有可能导致儿童肌肉长期处于极度疲劳状态，造成肌肉疲劳损伤，留下运动损伤后遗症。另外，正处于生长发育期的孩子，关节中的软骨还没有完全长成，长时间过度磨损膝盖软骨，日后容易形成关节炎。

运动小达人，如何避免在体育运动中受伤

对于学龄儿童，进入幼儿园和小学，都要进行体育锻炼，体育锻炼虽然好处多多，并且充满着趣味性，但它并不是没有危险性。在体育运动的过程中，儿童可能会受伤。轻微的小伤可能很快痊愈，但是有时会受伤严重。如何避免在体育运动中受伤是一门学问。

那么，如何避免在运动中受伤呢？

1.做好服装准备

服装宽松舒适、适合运动，运动前要检查运动鞋的鞋带是否系好。

2.合理安排运动量

要根据孩子的年龄和身体状况控制其运动量，但实际上，很多年纪不大的孩子，容易因为兴奋而运动过度，一旦疲劳，

运动时精神不集中，就易发生事故。

3.确保运动场地安全

检查运动场地是否平整，是否存在一定的安全隐患，包括周围是否有车辆穿过，有无行人、宠物等。

到小区游乐场或者儿童公园玩耍前，要先检查滑梯、跷跷板、攀登架、木马等设施是否完好，有没有腐烂、露尖的部分。

4.告诉儿童在运动前要先做全身性的准备活动

全身性的身体准备活动，能提高中枢神经和内脏器官对运动的适应性，以此避免因突然运动而导致的头晕、头疼等情况。并且，儿童身体各部分的关节、肌肉和韧带进行预热后，能减少这些组织彼此之间的摩擦，这样，儿童在活动中受伤的风险也会降低。

058

另外，运动中的防护也是非常重要的。以下是父母要帮助儿童掌握的几点防护方法。

1.教导孩子掌握正确的动作和方法

比如，如果正在做屈膝的动作，那么，就不要突然进行旋转伸膝的动作，这会很伤害膝关节。再如，如果孩子正在跳跃，那么就不能在着地阶段伸髋伸膝，否则地面对身体的冲击力得不到有效的缓冲，会对儿童的踝、膝、脊柱、头部造成不良的影响。

2.运动量要适度

在带领孩子进行体育活动时，要保证儿童有运动的意愿并且精神状况良好。如果孩子不愿意运动或者精神状态不佳，切不可强求，因为这样儿童很可能在运动中由于注意力不集中而出现不必要的损伤。

3.在饱餐或者饭后不要让儿童剧烈运动

饱食后运动会造成消化系统血液供应不足，可能会导致儿童腹痛、呕吐等情况的发生。

4.运动中限制儿童的饮水量

不能一次性饮入大量水分，因为大量水分进入血液会加重心脏和肾脏的负担，而且可能会出现水中毒的现象。应在运动中和运动后补充适量的淡盐水，以补充随着汗水而流失的水分和无机盐。

无论是运动还是人生，家长们不可能永远在场，为孩子们包办一切。只有让孩子们亲身经历磨炼，他们才会懂得如何准备万全，应对万难。

　　有一些父母，为了避免孩子受伤，把孩子圈在一定的安全界限内，一旦孩子越出这个范围就如临大敌。比如孩子跑一下，就怕他磕着碰着；孩子参加对抗性强一点的体育活动，就高度紧张，生怕孩子在运动中受伤。

　　但是，仅因为害怕孩子受伤就干脆一刀切，禁止他们参加各类运动，就是矫枉过正了。在不知不觉中，家长们"一不小心"反而成了孩子们健康成长之路上最大的"拦路虎"。

　　事实上，运动锻炼本身就是一种在适度的范围内挑战自我极限的行为，只要认真学习，把握好科学的方式，不仅能把受伤的风险降到最低，让孩子们的身体素质循序渐进地提升，还能在这一过程中培养孩子不惧挑战和辨别危险的品质和能力。

　　届时，即使是孩子们自己，也能划出一个宽广、安全，却能让自己自由飞翔的圈子。相信各位家长们也会乐见其成。

　　当然，这一过程中必不可少的，便是家长们的鼓励支持和积极引导。如果家长能以身作则，教会孩子们科学正确的运动方式和习惯，问题终将迎刃而解。

　　与其把孩子们小心翼翼地栽培在温室之中，还不如带领着孩子走向外面的世界，在经验丰富的家长们的指引下，逐渐见惯风云变幻，充分吸取阳光雨露，相信在未来，这样的孩子们都能成长为参天大树！

儿童在学校被人起绰号欺负怎么办

月月是个9岁的女孩，一天她告诉妈妈："我们班里的同学都喜欢给别人起绰号，私底下交流的时候也用绰号代替同学的名字。从一年级到现在，他们总是给我取一些诸如'小猪''包公''公公''马猴'等很难听的绰号，每次同学们这样叫我，我的心里总是很不舒服，我该怎么办？"

的确，儿童到了学校后，就要与同学相处，他们很关心自己在同学和朋友心中的印象，而绰号给人的感觉是贬义的，其实不尽然，以下是该女孩的妈妈给她的回答：

亲爱的女儿：

我能了解你的心情，目前在中小学就像你所说的"同学都喜欢给他人起绰号，私底下交流的时候也用绰号代替同学的名字"，他们不仅给同学起绰号，还给老师起绰号，我想作为学生的你肯定是再清楚不过的了。这并不是你想象的那样，学生毕竟是在玩耍中的孩子，他们有口无心，给同学乃至老师起绰号觉得说着好玩，所以也就把那些有趣的绰号叫得响亮了起来。

我觉得"小猪"可能是说你比较可爱，"包公"可能是你脸上长了"痘痘"，可能还有其他方面的原因，凡事要往好处想，同学给你起的这些绰号，也可能是受了某部影视剧中的某个人物的影响等，不要把它往坏处想，这样你的心情也就会开朗起来。我曾经也和你一样郁闷，也曾经和同学、自己赌气，直到成年后才悟出了同学的"有口无心、说着好玩以及有趣"的心理，所以也就想开了。

如果你心里放不下起绰号这件事，实在计较的话，那么你可以选择合适的时间、地点和场合，和颜悦色地对他们说："请你们别这样叫我了，我觉得很受伤害。"如果他们不理睬，那你只好自己调整心态，他们叫绰号的时候不予应答，自己该干什么就去干什么好了。不过不搭理他们的方法不可取，因为人是相互依存的，这样做很有可能让自己陷入孤立之中。其实我觉得还是用"走自己的路，让他们去说吧！"的心态最佳！

孩子的"日常诉苦"项目中，通常少不了这一项——被同学起绰号。他满是愤怒和委屈地跟父母抱怨，说班上的某几个孩子给他起了一个难听的绰号，父母除了安慰以外却不知所措。

为什么起绰号这件事如此普遍，它在孩子们的社交中是个什么角色呢？

无论哪个年代，"起绰号"这件事在学生时期都很盛行，有的人甚至有五六个绰号。

绰号通常归为两类，一种是没有恶意的，比如因为学习好被叫"学霸"；另一种则比较令人不喜了，特别是根据别人的生理特点来起的绰号，便带有很强的歧视意味。

那么，儿童为什么热衷于起绰号呢？

一方面可能是因为孩子到了语言敏感期，感受到了语言的力量，加之想象力丰富，就可能依据同伴的一些特点取相应的绰号。比如在一个球队里，大家互相的外号就是彼此的球衣号，这是伙伴之间的一种代称，也是充满团队感的娱乐方式。

只要言语中没有不尊重的词汇，孩子们之间玩耍得也很开心，那么这种方式的起绰号就是完全正常、不需要干预的行为。

另一方面，则可能来源于孩子渴望被关注、被认可的内在需要。这个阶段的孩子，再没有什么比叫别人的绰号更能引起注意的了。当他发觉这种方式能够轻易引起别人注意时，他就乐此不疲，别人越是生气愤怒，他就越是会这么做。尽管这个行为非常幼稚，但深层原因还是内在需求没有被重视和满足。

所以我们必须明白，孩子被起外号不一定是因为他自己的问题，也有可能是因为孩子们正处于寻求关注、宣示能力感的阶段。

而这一点，与其堵不如疏，需要正确的引导。我们可以教孩子一些应对之道：在那样的情况下，你可以选择和同学理论，可以选择找老师帮忙，还可以选择把他们的话当成空气……

重要的是启发他、引导他，让孩子知道：他是有能力去思考、有权利去选择的，而不是只能被动反应。

儿童遭遇校园暴力，该怎么办

生活中，不少父母认为，孩子只要送进学校，就万事大吉了。其实不然，孩子在学校也不只是学习，还要与老师、同学打交道，会遇上这样那样的一些问题。如果这些问题没有处理好，不仅会影响孩子的学习，也对孩子的心理健康产生负面影响。而在孩子遇到的很多问题中，近几年来最受关注的就是校园暴力，校园暴力不仅在中学生中常见，在一些儿童身上也频有发生。

小芳、小丽和娟娟原本是好朋友。有一天，小芳在娟娟面前无意说了小丽的几个缺点，从此，小丽就不理小芳了，还事事针对小芳。看着只顾和娟娟说笑的小丽，小芳很难过。更严重的是，小丽居然让一个她在社会上的哥哥带人找小芳的麻烦，有次还打了小芳，小芳不知如何是好。

这里，小芳就是遭到了校园暴力。校园暴力的形式有很多，从辱骂、扇耳光、拳打脚踢，到被迫下跪。近几年，几乎每隔一段时间就会有类似的事件出现，在引发热议的同时，不少家长的心中也产生了困扰：如果我的孩子成了受害者，我应该怎么办？是教育孩子做个"忍者"，还是要让孩子以暴制暴？

教育心理学家发现，容易遭受校园暴力的孩子往往在性格上缺乏自信、人际交往能力较差，这种性格的形成一般与父母的教育方式有很大的关系。有些父母总是不断批评孩子的缺点而忽视孩子的长处，子女缺少来自他人的欣赏与肯定，长此以往，会缺少自信心。而校园暴力的施暴方则常常表现出心理失衡的特点。究其根源，同样是因为他们在成长的过程中难以得到父母的认可。同时，如果孩子长时间生活在家庭暴力中，也很容易成为校园暴力的主角。

事实上，如果父母一直重视家庭教育，给孩子一个有利于健康成长的环境，从小培养孩子健全的人格，就能够很大程度上避免孩子遭受校园暴力。而孩子一旦遭遇校园暴力，家长也不要着急，首先要问清事情的来龙去脉，其次要接受孩子的情绪，理解孩子，以孩子的感受为中心。有时候孩子所遭遇的困难恰巧是父母走进孩子内心的契机，而在沟通过程中，如果父母发现孩子存在心理问题，也不要碍于面子不愿承认，应当及时请专业人士进行疏导，以免错过最佳解决时机。

另外，我们也要告诉孩子一些遭遇校园暴力时的处理方法。

告诉孩子如果遇到校园暴力，一定要保持镇静，不要惊慌。可以采取迂回战术，尽可能拖延时间，有勇有谋地保护自己，争取机会求救。必要时呼救求助，采用异常动作引起周围人注意。人身安全永远是第一位的，不要去激怒对方。

当自己和对方的力量悬殊时，要认识到自己有保护自己的能力，通过理智和有策略的谈话或借助环境来使自己摆脱困境。遇到自己和对方力量相距不是太远时，可以考虑使用警示性的语言来击退对方。但要避免使用恐吓性的言语，以免激发拦截者的逆反心理。

告诉孩子如果遭遇校园暴力事件一定要及时跟家长老师沟通情况，不要在忍气吞声中一个人默默承受身体和心理上的创伤。

如果孩子遇到校园暴力事件后，在心理上出现害怕上学、害怕出门、交友焦虑等情况，需要及时与专业人士交流，从心理层面给予帮助。

家长得知孩子遭受暴力后要稳定孩子的情绪，理解和同情孩子。同时家长要抽出时间多多陪伴孩子，给孩子足够的安全感。

家长知道孩子遭遇校园暴力后应第一时间和学校沟通，了解孩子在校的真实情况，并拿起法律的武器来保护孩子。

预防和应对校园暴力，家长该怎么做？

1.重视与老师、学校的沟通与联系

不少家长既忽视与班主任老师的沟通与交流，又很少去观察学校周围的情况，因而对孩子上学期间的安全情况缺乏了解。家长可以找机会与孩子同学聊聊天，了解孩子学校是否有校园暴力现象。

2.以预防为主

家长平时可以结合一些常见的校园暴力现象来引导孩子，进行预防教育。在预防教育中，一定要引导孩子学会分辨事情的对与错、曲与直，不能诱导孩子片面出手，或者为不受欺负而以暴制暴。当然，也要教孩子一些自我保护的方法，让孩子平时有心理准备，遇事能从容处理。

3.孩子遭遇校园暴力时，家长自己先要管理好情绪

在孩子遭遇校园暴力时，家长容易出现激动情绪，甚至不理智的行为。这时建议家长自己要先平静下来，反思自己是否了解孩子学校的安全情况，是否对孩子做过如何自我保护的教育，是否曾引导孩子分辨校园暴力的严肃后果。如果是理性的家长，在通过一番分析之后，会根据已有的现实情况，再与打人孩子沟通，通过班主任、学校协调解决，还是通过法律途径等选择中得出最合适的解决方案。

4.不要盲目指责打人孩子及其父母和校方

如果孩子遇到校园暴力伤害，一定要及时收集相关人证、物证等关键证据。然后，再去找当事孩子了解情况。一般说来，打人孩子或是其家长，面对证据不敢推脱责任，即便是诉

诸法律也有理有据。切莫光顾着指责班主任和校方，导致他们不愿意配合与协助解决问题。

5.建立良好的亲子关系，在日常家庭教育中避免粗暴解决问题的方式

孩子暴力伤害他人，并不是单一现象，与家长的教养方式有密切联系。提醒部分家长，如果你的孩子有欺负别的同学的现象，一定要认真反思，家里是否存在家庭暴力现象？以暴制暴，如果引导不好，可能会让孩子从被打中学习经验，转而去伤害其他无辜同学，以发泄内心的负面情绪。

孩子成绩太差，被人歧视怎么办

调查显示，各国容易发生歧视现象的情形有所不同。中国学生最容易因成绩不好受歧视，经常遭遇此情形的学生比例达24.5%。日本学生因为长相、性别受歧视的比例最高。韩国学生因为家庭情况不好受歧视比例最高。美国学生遭受歧视最多是因为长相问题。

有个女孩子这样回忆自己的经历：

"我小时候不知道学习，很爱玩，成绩不理想，只是因为上课时候不听讲，回答不上问题，被同学起外号，被老师体

罚。我性格也很内向，从此变得自卑，成绩也一日不如一日。我的父母也不能宽容和理解我，经常打骂我，现在想起那个时期真有如噩梦一般。"

这应该是很多成绩差的孩子的共同心声。成绩似乎成了评价一个学生能力和人品乃至一切的唯一标准。处于成长期的儿童，心理承受能力相对较弱，在这种歧视中，他们开始自卑、堕落、自暴自弃。

那么，我们家长该如何应对呢？

1.找到儿童成绩不好且被歧视的原因

（1）儿童成绩不好，是什么原因导致的？是家庭教育问题，还是学校的学习环境问题或者是儿童自己对学习没什么兴趣？

（2）儿童在学校为何被同学和老师歧视，是在学校调皮导致老师和同学不喜欢他，还是孩子在沟通、社交方面出了问题

或者在学校不尊师重道？

（3）孩子是否学习态度不行还自尊心强，不能受到任何指责？

2.父母和孩子之间多沟通

父母可以以自身的经验说故事，讲自己以前失败、成功的事情或者讲一些名人名事，激励孩子，让孩子学会接受。

3.加强对孩子人际交往能力的训练

家长可以多带儿童去参加集体亲子活动，培养孩子和家长之间的融洽关系，教会孩子与人沟通，尊重他人的方法。

4.父母在儿童的成长过程中扮演好四种角色

第一做儿童的导师，包容、理解、引导孩子走出阴影。第二做孩子的朋友，分担孩子的痛苦与欢乐，陪伴儿童一路成长。第三做儿童的榜样，示范给孩子看。第四做孩子的拉拉队，分享孩子的每一步成功。

5.帮助儿童提高成绩

毕竟成绩也能说明一定的问题，如果成绩比较差，会一直影响孩子的成长。家长要注意发现导致儿童学习成绩差的主要原因，对症下药，有针对性地帮助孩子提高成绩，建立孩子的自信。

6.培养儿童好的学习习惯

好的学习习惯是最好的学习方法，孩子们都很聪明，之所以成绩较差，是因为学习方法不对、学习习惯不够好，因此要从这方面着手。让孩子课前预习，课后复习，及时完成作业等。

7.告诉儿童应如何正确面对别人的看法

我们要告诉孩子，自己应该改变别人的看法，不要因为成绩差，被人歧视，就放弃继续努力和学习，可以通过以下方法让自己重新被人重视和尊重。

（1）发挥自己其他方面的专长。事实证明，有特殊技艺的孩子更能吸引别人的眼球，更能赢得同龄人的赞扬和崇拜。

（2）与人为善。一个成绩差，但性格美好的孩子不会被人歧视，他接受到的更多是帮助。

（3）努力学习。毕竟任何时候，学习是一个学生的天职，同学和老师以及家长都会看见你的努力，会伸出援助之手。

总的来说，我们要告诉孩子，即使因为成绩差遭遇别人的歧视，也不应该自甘堕落，而应该让这种精神压力成为你学习和努力的动力，和善地和周围的每一个人相处，别人就会改变对你的看法！

换个新同桌，要友好相处

最近，张女士很烦恼，儿子上小学三年级，这学期换了个新同桌，成绩一般。儿子的前任同桌是个成绩很好的女孩，语文和英语成绩在班级排前三名。张女士很纠结："我们做家长的，都希望孩子的同桌成绩能好一些，能带动自己的孩子好好学习。新同桌成绩一般，不知道该不该向老师提出换同桌的想法。"

和张女士一样，想要请老师给孩子调换座位的家长不少。李先生也说，他女儿原来成绩优秀，自从换了个调皮的同桌，成绩一落千丈。"小学生本来抗干扰能力就差，我还是不希望女儿和调皮的孩子坐在一起。"遇到家长因为这样的理由要求换座位，老师会如何处理呢？

对此，一位资深老教师说，她班上曾有个很乖巧的女生的父亲找到她，说女儿同桌太调皮，要求换座位。"我是这么说的，你有两个选择：一是我马上就调换座位，让你女儿觉得只要爸爸出面，什么事都能搞定；二是不换同桌，让她自己体会和同学相处的方法。"女孩的父亲选择了后者。两个孩子磨合得很好，学习都进步了。"我提拔那个女生当了班干部，她有了使命感，会在同桌调皮捣蛋的时候提点他。"她说，总的来说，换座位会以个头为主要标准，另外会考虑"动静搭配"。"大家眼中的'后进生'虽然学习成绩不是很好，但往往很纯真。与'后进生'同桌能让'好学生'更有责任感。'好学生'能够学会帮助、关心调皮的同桌。"

当儿童进入学校学习后，就会有同桌，老师也会根据自己的教学安排而调整座位，于是，孩子就可能有了新同桌。面对新同桌，一些儿童因为无法适应而学习成绩下滑，此时，作为父母，我们要帮助儿童调节自我。

我们要告诉儿童："其实，新同桌也会有不同程度的不适应，都渴望同学间能互相关心、互相帮助，都希望别人能了解自己，也希望自己了解更多的同学。因此，在与新同学的第一次谈话中，你的态度一定要温和，这样会让你的新同学对你的第一印象好一些，然后，你可以问问他叫什么名字，再谈谈你的兴趣、爱好，这样会让你们彼此更加了解一些。一个小玩笑、一个眼神、一个微笑、一点小小的帮助，都能使自己和同桌迅速地熟悉起来。"

除此之外，我们还要引导儿童把握好以下几方面，这样就比较容易与新同桌交往和相处。

1.礼貌待人，热情大方

与新同桌见面应主动热情地打招呼，不管是对男同学或是女同学，是初次见面或是多次见面，积极的态度有助于结交朋友；与同学交往要举止大方，同时应顾及对方的兴趣、爱好和习惯；交谈时不能粗言秽语，注意文明用语；多参加一些集体活动，加强与同学相互沟通。

2.互相关心，互相帮助

刚换一个新同桌，会有许多的不适应，会碰到这样或那样的问题。其实对方也是如此，这就需要同学间互相关心和帮助。在这种情况下能得到同学的真诚关心和帮助，是非常宝贵的，很可能就是好同学和好朋友关系建立的起点。

3.为人谦虚，诚实守信

谦虚是一种美德，不管自己取得多大成绩，都不应妄自尊大，故意炫耀。虽然新同桌来源不尽相同，生活背景不太一样，每个人的经历也不同，但对方身上一定有值得自己学习的地方，因此，互相学习、共同提高就很有必要。另外，与新同桌交往一定要诚实，恪守承诺，讲信用，不说大话。这样，才能赢得真正的友谊。

4.宽容大度，学会谅解

孩子与新同桌在兴趣爱好、性格气质、生活习惯、文化修养等方面可能存在较大的差异。与新同桌朝夕相处，有时因看

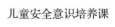

问题角度不一、思想水平不同等，难免会有些行为摩擦和心理冲突，这时就需要我们相互谦让，严于律己，宽以待人，在处理问题时求同存异，这样友好相处就有了根本保证。

其实，在日常生活中，父母要有意识地扩大孩子的接触面，带孩子多接触一些陌生人，这样，当孩子和不熟悉的人交往时，就能更快地适应了。

第 04 章

交通安全，让儿童学习"红灯停，绿灯行"的交规

　　孩子像一件易碎的艺术品，必须好好地呵护，外面的世界纷繁复杂，孩子随时都有可能受到伤害，但儿童总要离开家、进入学校和社会，为此，我们要教会他们保护自己的方法，其中就包括要保障他们的交通安全。我们只有让儿童从小学会遵守交通规则，才能有效避免交通危险。

教儿童严格遵守交通规则是安全教育的第一步

现在，城市的街道、胡同里人挤车多，乡村的街道、公路上车辆和来往行人也不少，交通事故常有发生，其中儿童遭遇车祸的情况也较多。从小教育孩子了解和遵守交通规则，是非常必要的。

有人认为，交通规则规定，6岁以下的儿童上街应有大人带着，对孩子讲交通规则有什么用？其实，即使大人带着小孩上街、坐车，也还是应该把交通规则告诉孩子，因为孩子是要长大的，总是要独自上街、坐车的，早点儿让他们了解一些交通规则，总比等他们独立活动时再急急忙忙地告诉他们更有利。何况，幼儿和小朋友一起闯到街上或者在街上与大人走散的可能性也是有的，让他们平时了解一些交通规则，在他们独立活动时肯定是用得着的。

教孩子了解和遵守交通规则，并让其遵守交通规则，要多用具体生动的方法。

1.家长要熟悉儿童应了解的那些交通规则的内容

例如，"红灯停、绿灯行""行人要走行人道，没有行人道的要靠边走""行人过马路要走人行横道线，没有横道线的地方要先看左，后看右""不要在街道、公路上追跑打闹""坐车时不要把头、手伸出窗外"等。

2.父母以身作则，为孩子树立遵守交通规则的榜样

孩子不同于成人，仅靠说教也许不能引起他的注意，因此父母要将这些道理反复地向孩子讲，并且要以身作则，自己坚持不闯红灯，过马路一定走斑马线，用自己的行为给孩子做出好的榜样。

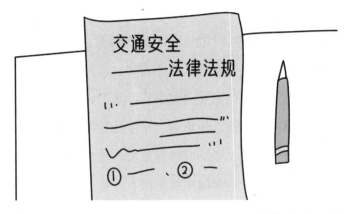

有位父亲过马路的时候总是爱闯红灯，受他影响，孩子也常常喜欢在车辆中穿行而过，不肯等绿灯亮起再过马路。有一次，他和父亲一起过马路，车辆稍微少了一些，男孩就迫不及待地挣脱父亲的手跑了出去，这时正好有一辆车开过来，幸好司机反应及时，才避免了一场事故的发生。

如果父母经常对孩子进行交通安全教育，给他讲一些交通安全的规则；如果父母在过马路时给孩子做出了好的榜样，意

外事件就不会再发生了。正是父母的大意和放任，让天真活泼的孩子受到了原可以避免的伤害。

3.在具体的交通行为中为孩子讲述如何遵守交通规则

父母如果在公共汽车上，对孩子讲为什么不应把手和头伸出窗外，孩子的印象就深。走人行道、横道线等规则，也要在带孩子上街、过马路的时候边走边对他讲。另外还要注意告诉孩子，交通规则就是为了避免出事故才规定的，只要遵守交通规则，就可以保证安全；千万不要为了引起孩子注意，故意夸大其词地吓唬孩子，以免孩子以后一上街、过马路就紧张，反而更容易发生事故。

带领儿童认识交通信号灯

红灯亮起了，一群人站在斑马线的一端等绿灯。这时，穿行的车辆少了一点儿，人群中有人等不及了，要闯红灯过马路。

蕾蕾和妈妈也站在斑马线上，妈妈准备穿行，这时，蕾蕾抬起头问："妈妈，你不是说要等绿灯亮起才走吗？你要闯红灯了！"

蕾蕾的话提醒了妈妈，妈妈不好意思地说："蕾蕾，对不起，妈妈错了。"

随后，绿灯亮了，蕾蕾和妈妈才过了马路。

蕾蕾问妈妈："妈妈，交通信号灯为什么是红、黄、绿三色的呢？"

19世纪初，在英国中部的约克城，红、绿装分别代表女性的不同身份。着红装的女人表示已结婚，着绿装的女人则是未婚者。英国伦敦议会大厦前经常发生马车轧人的事故，人们受红绿装启发，红、绿两色的交通信号灯于1868年首先出现在英国的伦敦。当时，这种信号灯使用的是煤气，安装不久就发生了爆炸，结果被禁止使用。直到20世纪初，交通信号灯才在美国重新出现。

黄色信号灯亮时可以通过，因为它只是起到提醒的作用，表示信号灯将发生变化。有时候，红绿灯关闭了，只有黄灯在不停地闪烁，这同样表示可以通过路口，但车辆应降低速度，以保证安全。

黄色信号灯于1918年首先出现在美国纽约，它减缓了红绿灯变换的速度，有效地减少了路口的交通事故。

现在的交通信号是由计算机来控制的。在路口周围和地下，设置着各种检测装置，记录下各个时段的交通流量，并把这些信息输入到计算机。计算机经过测算，就能制订适合实际情况的红绿灯切换频率了。

不论是白天，还是夜晚，红、绿、黄这三个颜色最好识别、最好区分。红色灯的红光穿透力强，可以传得很远，就是阴天下雨、大雾弥漫或刮风下雪的天气也能看得一清二楚。而且红色有警示作用，因此，红色用来表示停止。绿色除了易于识别外，还给人一种安全感，因此，绿色用来表示通行。黄色是一种暖色，很柔和，能给人们一种减缓、放慢的缓冲效果。因此，黄灯具有示意人们等候的作用。

让儿童了解常见的交通规则

古人云："无规则不成方圆。"规则在我们的生活中无处不在。例如：校规、班规、家规、国家法律法规……对于成长中的儿童来说，遵守交通规则是保证安全出行的首要基础，为此，父母要尽早带领儿童学习常见的交通规则。

某幼儿园与家长一起组织了一次活动，带领小朋友们学习交通规则。首先他们来到了一个车流量较多的红绿灯路口，发现这里等红绿灯的人极少，几乎所有人都闯红灯：小学生，老年人，少男少女，上班族等。

在一个上午的调查、观察中，老师和家长发现几种问题：不管红灯绿灯，只要形成人群就齐过马路；从两车中的缝隙中穿过；认为开车的司机不敢撞人，怕违章，不管什么情况，车也会停下来让人先过……可意想不到的事就发生了。

当大家准备离开的时候，从他们身后传来一阵阵嬉笑声、打闹声，一群小男孩在追逐玩耍。他们飞快地从一行人身旁跑过，来到路口。结果他们看也没看是红灯还是绿灯，直接冲向马路的对面。就在这时，一辆小汽车疾驰而来，司机发现了有人跑着过来，马上停下了飞快行驶的汽车。幸好这位司机发现了奔来的小男孩，不然，将会发生一场不可挽救的悲剧！

回到幼儿园，老师说："小朋友们，今天那一幕大家也看到了，这些小男孩因为在马路上追逐打闹、不看红绿灯，险些发生危险！珍惜生命，就要遵守交通规则，要从你做起，从我做起……"

当然，带领儿童学习交通安全知识，包括交通规则，不只是学校的责任，更是家长们的义务，孩子安全、健康成长是每个家庭快乐幸福的前提，为此，我们要在日常生活中告诉儿童一些必须遵守的常见交通规则和安全常识。

1.告诉孩子常见交通规则

（1）机动车、非机动车实行右侧通行。

（2）根据道路条件和通行需要，道路划分为机动车道、非机动车道和人行道的，机动车、非机动车、行人实行分道通行。没有划分机动车道、非机动车道和人行道的，机动车在道路中间通行，非机动车和行人在道路两侧通行。

（3）道路划设专用车道的，在专用车道内，只准许规定的车辆通行，其他车辆不得进入专用车道内行驶。

（4）车辆、行人应当按照交通信号通行；遇有交通警察现场指挥时，应当按照交通警察的指挥通行；在没有交通信号的道路上，应当在确保安全、畅通的原则下通行。

（5）公安机关交通管理部门根据道路和交通流量的具体情况，可以对机动车、非机动车、行人采取疏导、限制通行、禁止通行等措施。遇有大型群众性活动、大范围施工等情况，需

要采取限制交通的措施。

2.让孩子掌握常见交通安全常识

（1）红灯亮，禁止直行或左转弯，在不妨碍行人和车辆情况下，允许车辆右转弯；绿灯亮，准许车辆直行或转弯；黄灯亮，停在路口停止线或人行横道线以内，已经越过人行横道的车继续通行；黄灯闪烁时，车辆应减速，注意安全。

（2）道路中间长长的黄色或白色直线，叫"车道中心线"。它是用来分隔来往车辆，使它们互不干扰的。中心线两侧的白色虚线，叫"车道分界线"，它规定机动车在机动车道上行驶，非机动车在非机动车道上行驶。

（3）上学读书、放学回家、节假日外出时，走在人来车往、交通繁忙的道路上，要遵守交通规则，增强自我保护意识。

（4）走路要走在人行道上。在没有人行道的地方，应靠道路右边走。

以上常见交通规则和交通安全知识，家长必须要贯彻到儿童的日常家庭教育中，保证孩子安全出行。

告诉孩子超载校车不安全，不要坐

校车的安全问题一直都是社会最为关注的话题之一。"大鼻子"校车的出现让孩子们的出行安全得到了保障。不过，我们发现，近年来，各地的校车安全事故及安全隐患问题仍时有曝光。比如，"学生被校车碾压致死"事件。

作为家长，如果你以为这只是个案，那就错了。"黑面包超员"的情况，在全国各地时有发生。

近日，有学生家长向媒体爆料，武汉市某中心小学有些学生，每天靠微型面包车充当校车上学、放学，安全隐患很大。

举报者称，这些微型面包车的司机为了省钱，不愿意多跑趟，就一次性尽可能多地把孩子塞进一辆车。"一车全是小孩子，最大的10岁多，最小的刚上一年级，超载成这样，一旦出事就是大悲剧。"

媒体随后进行的调查显示，其中一辆核载7人的微型面包车，将后两排座椅改装后硬生生载了15个孩子，其中两名女孩儿被安排一起挤在副驾驶位上；而记者驾车跟踪的另一辆核载9人的面包车，一路放下12名孩子后，车内至少还有5名孩子，也就是说，这辆9座面包车至少载了18人（含司机1人）。

这种无营运手续、车况较差、超员载客的"黑校车"大多存在于偏远的农村地区，这些地方多是乡间小路，道路状况较差。一旦发生交通事故，影响到的就是多个家庭。

黑校车就是一个隐形的杀手，它看似在为学生提供方便，实际上却埋下了巨大的安全隐患。为了有效抵制黑校车，父母们一定要从自身做起，拒绝乘坐；职能部门也应加大监管力度，给予科学有效的举措，确保孩子们的安全。

2015年11月1日开始正式实施的《刑法修正案（九）》将"校车严重超员"的情形列为"危险驾驶罪"：从事校车业务或者旅客运输，严重超过额定乘员载客的，处拘役，并处罚金。

同时，如果背后的管理人、所有人负有直接责任，也同样以"危险驾驶罪"论处。

那么，校车严重超员有何危害？

校车、客运车辆严重超员，容易引发爆胎、制动失灵等意外，也会增加车辆行驶的不稳定性。而一旦发生事故，就是群死群伤的重大事故。

1.如何认定黑校车

"黑校车"是指没有取得相关资格证件、未到交警部门登记或者登记为自用车的、未投强制责任险、本来不属于校方但却非法运营来接送学生的车辆。"黑校车"大多出现在郊区和农村等公共投入不足的地方，且校方不愿为校车费用买单。黑校车以盈利为目的，且常发生超载现象，对学生的安全构成了重大威胁。

2.学校、家长要对孩子负起责任

对于校车超员，甚至用不具备资质的"黑面包"充当校车的情况，各地交管部门一直都在严格检查、严厉打击。但是，保障幼儿园、中小学生的交通安全，仅靠交警查处还不够，还需要学校、家长们的配合。

（1）家长和学校应注意核查校车的营运资质。不乘坐无营运资质的车辆，尤其是安全系数较低的面包车。

（2）家长和学校应注意核查校车驾驶员的驾驶资质。没有校车驾驶资质的驾驶员开车型较大的校车，很容易发生意外。

（3）家长和学校应注意核查校车所属运营单位的资质。手续不全、没有登记备案的校车运营单位，其所属车辆的安全性能、驾驶员驾驶技能等都可能不合格。

校车安全是一个广受社会关注的问题，校车超员是严重的违法行为，超载很容易出现安全事故，孩子的安全问题需要家长以及学校共同去保障。

第05章

出行安全，告诉孩子不要跟陌生人走

　　社会上诱骗拐卖孩子的犯罪现象时有发生。让罪犯得逞的原因之一，就是孩子缺乏必要的自我保护意识和能力。孩子往往会被陌生人的一些小小诱惑或者恩惠所骗取，这就告诫父母，一定要教孩子学会自我保护，认真培养孩子的自我保护意识和能力。

教会儿童巧妙应对陌生人

作为成人，我们都深感到社会越来越复杂，人生越来越艰辛；未成年的儿童天生娇弱，更面临许多不可预料的复杂局面。父母和老师可以尽量为孩子创设安全舒适的生活环境，却不能一生都围在他的身边。离开家庭和学校，孩子能不能很好地独立生活，能不能识别社会上一些不利于个人成长的因素，都是每一位负责任的父母必须考虑的问题。孩子自我保护的训练必须从小开始，学会应对陌生人是儿童自我成长的最重要一步。

圆圆在户外独自玩耍，一个陌生人走过来说："小朋友长得真可爱，叔叔抱你去看小猴。"圆圆不愿意去，这位叔叔又说："你爸爸和我是好朋友，他在公园门口等我们，让我抱你和他一起去看小猴。"圆圆点点头。正当陌生人要抱圆圆时，妈妈在楼上从窗户中探出头来喊："圆圆——快回家吃饭了。"听到妈妈的叫声，陌生人赶紧走开了。圆圆跑回家告诉妈妈这件事时，妈妈非常吃惊地说："圆圆，你差点上当受骗了，好险啊！"圆圆不解地问："这是怎么回事啊？"

我们建议，父母可以从以下几个方面培养孩子应对陌生人的能力。

1.告诉儿童，不要轻信别人

孩子的单纯和幼稚往往是某些人利用的工具，如"我是你爸爸的朋友""我是你妈妈的同事"等，这样一说，孩子就容易把对爸爸妈妈的那种信任转移到陌生人身上，轻易地听从别人的话。告诉孩子，无论在家里还是在外边，遇见自称是爸爸妈妈同事或朋友的人，只要父母不在身边，就告诉他们自己不认识他们，然后离开，不要再理他们，也不要听他们的解释。因为，孩子的思维永远比不上成人的思维水平。

2.谢绝陌生人的礼物

孩子多数对诱人的食物、漂亮的玩具和其他新奇的事物，如新鲜的游戏项目等感兴趣，缺乏自制力的孩子很容易就会被诱惑。要让他明白，无论多么诱人的东西，只要不是自己的，不经过爸爸妈妈同意，就不能接受；让他明白，陌生人不会无缘无故地送给自己东西，自己也不能随便接受别人的礼物。有时对孩子来说，拒绝诱惑是很艰难的。家长应为孩子制定安全规矩，并在平时扩展孩子的知识面，尽量多地让孩子接受周围事物，见得多了，孩子也就不再大惊小怪了，再加上爸爸妈妈的嘱托，一般情况下，孩子会在一定程度上拒绝诱惑。如果孩子尚不能理解其中的道理，那就教会孩子简单而坚决地说"不，我不要"！

3.拒绝陌生人的请求

为了取得孩子的信任，有些心怀不轨的人往往想尽办法让孩子上钩。有人向孩子"求救"，等孩子相信自己后再进一步行动。要告诉孩子，有陌生人请求帮助的时候，让他们去找大人、警察。这不是禁止助人为乐的行为，不是推卸责任，而是为孩子自身安全再提供一层保障。

4.强化儿童情境应变能力

在紧急状况下，孩子不可能记住只告诉过他们一遍的事情。教会孩子应对陌生人的安全规则，是强化孩子情境应变能力的重要手段。而教会孩子这一原则的有效方法是通过做"要是……该……"的游戏，让孩子通过独立的思考对潜在有害的情境做出防护反应。例如："雨下得很大，要是有陌生人邀请你搭他的车回家，你该怎么办？""要是陌生人叫你的名字，并说你爷爷受伤了，由他来学校接你回家，你该怎么办？""要是在放学回家的路上有人跟着你，你该怎么办？"

另外，家长还可以用故事的形式教孩子学习故事中人物勇敢、沉着、机智的精神和本领。《狼和小羊》的故事中小羊识破老狼假面孔的经过，会给孩子很大的启发。我们要让孩子知道，在某些情境下有些陌生人不是好人。从中他还会知道，当陌生人朝自己走来或感到危险逼近自己时应当怎么办。这种信息增强了孩子自我防护的意识，同时也使他们在日常生活中遇到没有危害的陌生人时不必感到恐惧。

我们也倡导互助友爱、互相信任的人际环境，然而，年幼的儿童尚不具备分辨能力，不能做足够的自我防卫，一旦有任何危险，他是必然的受害者，要想孩子平安地生活和成长，就要让孩子拒绝一切伤害。学会怀疑、学会拒绝，这是应对陌生人必须的几项能力，对孩子来说是必要的，因为，孩子幼小的身体和心灵经受不住大的挫伤和打击。

教会孩子应付常见的危险情况

平时，家长可以在合适的场景下，和孩子们练习，当他碰到了这些常见的危险情况，该如何应对。

1.遇到陌生人请吃东西怎么办

家长要告诉孩子："一定要有礼貌地拒绝陌生人给你吃的任何食物，因为里面可能添加了有害的东西，让你不知不觉地被坏人带走，而爸爸妈妈很可能就永远找不到你了。在拒绝了陌生人的东西后，一定要马上远离他，跑到安全的、自己认识的人身边去。"

2.不认识的孩子邀请你去玩怎么办

家长要告诉孩子："不管对方年龄比你大还是小，也不管他是不是有困难需要你帮助，一定不能跟他走。特别要注意的是那些拿着玩具来诱惑你的人，如果真的想去玩的话，一定要告诉家人，征得同意并且有自己的家人带着才可以去。如果是加入到陌生孩子的圈子里玩，大家一起追追打打，也不能跑到偏僻的地方，一定要保证万一有什么事情，可以叫到熟悉的人。"

当陌生人说"是爸爸妈妈的朋友"时，家长和孩子可以设定一个"亲子密码"，这个密码可以是数字，也可以是昵称，或者是孩子印象很深刻的任何问题。家长要和孩子约定，如果陌生人以孩子父母朋友或亲属的名义想把他带走时，孩子一定要先问他密码，如果陌生人答不出，孩子就要尽快想办法脱身。

3.陌生人请你领路怎么办

家长要告诉孩子："如果陌生人要你领路，一定要马上拒绝，可以建议他走到路口去问警察保安，或者其他大人。你一定不能离开熟悉的人的视线，如果陌生人再纠缠你，你可以大声呼喊，引起别人的注意。"

4.一个人在家，发现有陌生人敲门怎么办

可以把家里的电视音量调高，让对方以为家里有大人。同时马上给爸爸妈妈打电话，不要轻易相信所谓的电工、煤气工、快递员，或者声称是爸爸妈妈同事的人，在爸爸妈妈回来之前，不要给任何人开门。

平时在家，一定要训练孩子记住父母的名字、联系方式，还有小区的名字和门牌号。还要教会孩子如何拨打电话，比如110、119、120这些求助电话。在紧急情况下，父母的电话太长易忘记，这些电话可能就会派上用场。

尽量不要或者少带孩子去人多拥挤的地方，例如菜市场、商场、超市等。如果去了，记住挑东西的时候一定要拉着孩子的手，推推车的家长一定要把推车横过来，身体把着孩子，让孩子在自己的视线范围内，绝对不能把孩子放在一边，然后转身自顾自地挑选商品。

不要随便把孩子托管给不太熟悉的人。现在的大城市人多车多，建议初中之前都最好专人接送孩子上学。家长最好从网上下载一些骗子骗人的案例，全家人共同学习，多了解一些骗子的骗术，好加以防范。

大一点的孩子要告诉他不要跟陌生人说话，尤其是问他家在哪里，或者是对他说叔叔阿姨带你去买糖之类的，要大声叫爸爸妈妈。平时要孩子记住家里的住址、父母电话等，告诉他如果被陌生人带走，一定要大声呼叫："救命啊！有坏人要拐我！"

在日常生活中我们要让儿童记住以下的守则。

有人要强行带自己走的时候，要大声喊救命并迅速逃离这个人。观察周围是否有认识的人，跑到人多的安全地带寻求帮助。

要在明亮的地方和小朋友一起玩。

当有陌生人问名字、住址和电话时，决不告诉他。

认识的人要带自己走也不能走，要先得到爸爸妈妈的同意。

一个人在家的时候一定要锁好门。

一个人在家的时候，无论谁来敲门都装作家里没有人。

每天发生的事情都跟爸爸、妈妈说。

作为父母，为了防止儿童遭遇危险，要记住以下几点。

平时走路的时候尽量靠马路的里面，让孩子走在你的右手边，牵紧他的小手。推推车的一定要给孩子绑上安全带，抱孩子的最好用背带，不要怕麻烦。

带孩子出门最好两个人以上同行，在家里一定要锁好门，如果孩子大了有留他独自一人在家的时候，要在门口摆上大人的鞋。要跟孩子说爸爸妈妈不在家一定不能给陌生人开门，发现不对劲的时候就说爸爸或妈妈在睡觉。

除了家里比较亲近的人以外，绝对不能告诉别人孩子的真实年龄、出生日期和平时的习惯，就算小区里面经常碰面的人也最好不要说得那么详细，一般不是居心不良的人也不会打听得那么详细。这可以避免万一坏人出狠招，在公共场合抢你的孩子时，说得比你还详细，造成别人对你的误会，从而失去众援。

带孩子出门的时候碰到有人问路一定不要理，就算理也要抓紧孩子的手或者抱紧孩子，因为人都有犯糊涂的时候，你的一个疏忽可能孩子就不见了，所以有孩子在身边的时候注意力一定要集中在孩子身上。

太多的悲惨事例告诉我们，关于孩子人身安全的事情，半点不能侥幸，有时可能只是一念之差，一时疏忽，造成的后果却是无法挽回的。

告诉孩子，陌生人来接你放学不可信

曾经在一所幼儿园，老师带领家长做了这样一则实验——

"防诱拐演习"活动，活动模拟放学场景，看孩子会不会跟陌生人走。

"老师们做了三手准备：第一，小孩喜欢的零食；第二，小孩喜欢的游戏机；第三，小孩更喜欢的大孩子。"

结果，半个小时不到，四个"坏人"就通过用电子产品行骗、用孩子骗孩子及用娃娃、用好吃的零食引诱的方式，毫不费劲地将10个小孩带离了等待父母接送的队伍。

"上当率真的非常高！"其中一个班的学生，只有一个小男孩没有吃"坏人"给的糖果，还有一个班，"坏人"先拿糖果诱惑了4个小男生，然后用游戏机为诱饵将他们带离了老师的视线范围。

演习结束后，家长们面对这样的测试结果，纷纷表示很震惊。老师们也一再提醒，安全教育不仅在于学校，在家里也一定要加强，要让孩子记住"不能跟陌生人走，不能要陌生人的玩具，不能吃陌生人的糖果零食"，提高孩子的自我保护意识。

在如何防止孩子放学后被陌生人拐走这一问题上，一些父母认为，只要平时教孩子听话就好了，但其实，在大人的保护下长大的孩子，即使见到陌生的大人也会很听话，如果那个人对自己还很亲切，这种倾向就会更强。此外，如果孩子从小就被灌输"要听大人的话"的观念，再怎么教他预防拐骗的办法也都很难生效。

如果孩子平时总听父母说起拐骗犯的危险性，就会在不知不觉间形成"拐骗犯都长得很凶"的印象。所以当有漂亮的女人或是看起来很慈祥的老爷爷接近时，他们就会放松警惕。然而，没有人会把"拐骗犯"三个字写到脸上。大部分的拐骗犯都是我们在大街上常常见到的长得很普通的人。

所以，为了预防拐骗，应该对孩子进行更加系统的教育。当然，提到拐骗犯的时候，言语也不要过于夸张，否则孩子会对除了爸爸、妈妈之外的所有成年人都产生拒绝感，也有可能因为害怕而不敢走出家门一步。但是，孩子具有轻易相信大人的倾向，因此要反复地对他们进行预防教育。设定一个具体的环境和孩子进行对话，是有效的预防拐骗教育方法。也就是说，我们不能笼统地告诫孩子不要跟陌生人走，而是要不断训练和强化孩子警惕危险的陌生人的意识。

1.教会孩子如何拒绝陌生人给的东西

孩子的思维是单纯的，对陌生人也是没有任何防范的。别人给什么，他就会接受什么，所以首先要教会孩子如何拒绝陌生人给的东西。你可以请自己身边的家长扮演陌生人，来给孩子糖吃，或者给孩子玩具，然后你要告诉孩子："你该不该跟着这位阿姨/叔叔走呢？你当然不可以，因为你不认识他，你应该说'不用了，谢谢你'。"

2.当你的孩子一个人待着时，要让他谨记两句话

父母要告诉孩子怎么识别可疑的人物，告诉孩子："如果你不认识这位成年人，他说要带你走，或者去见爸爸妈妈。你要想一想，父母有没有提前告诉过你，如果没有，就不要跟着走。另外，如果有陌生人强行把你抱走，或者带着你去陌生的地方，你就要大喊，让附近的人听到你的声音，寻求别人的帮助。"

3.适当满足孩子对零食的需求

用零食来诱惑孩子是骗子常用的手段，孩子对零食的爱好是超乎大人想象的。所以你要告诉孩子，陌生人的东西不要、不吃！不要、不吃是杜绝孩子受到意外伤害的最有效途径。当然在平常要让孩子得到适当的零食满足，才不会轻易被诱惑。

为了防范非常事件，要事先认识孩子的朋友和他们的家人，以及其他孩子身边的人。不要把孩子的姓名、地址、电话

写在一眼就看得到的地方，把它写在孩子的衣服、鞋子、书包里这些看不到的地方。告诉孩子没有父母的允许，不要上任何陌生人的车，即使是认识的人，也要先打电话给父母，得到允许之后再坐。不要让孩子独自一个人在家以外的地方。告诉孩子，有陌生车辆接近自己时，要迅速跑到人多的地方。告诉孩子，当有人要强行带走自己时，要大声喊"救命！"。随时关注孩子在哪里。制订安全守则并反复练习，让孩子学会保护自己。

教会儿童不要给陌生人开门

生活中，我们父母不可能24小时都和孩子在家，而孩子一个人在家的时候，难免会遇到陌生人来访的情况。为了安全起见，父母一定要让孩子认识到，无论敲门的是谁，只要是陌生人，就千万不要给他开门。这样，孩子才能有高度的警觉性，从而有效地保障自己生命和家中财产的安全。

的确，相对于年长孩子来说，儿童的自我保护意识和能力更弱，他们是很多坏人"下手"的对象，为了保证儿童的安全，在家不给陌生人开门是他们需要学习的第一课。

星期天，爸爸妈妈去加班了，家里只有5岁的妞妞在看动画片。

"咚咚咚，咚咚咚……"上午十点的时候，家里突然有人来敲门，妞妞站在小凳子上，从门镜里往外看，发现是个陌生人。

她正准备开门，突然想起来爸爸妈妈出门时叮嘱过的话："如果有你不认识的人敲门，你不要出声，也不要给他开门。记住了？"

于是，妞妞就没有出声。不一会儿，陌生人就离开了。

爸爸妈妈回来后，妞妞把陌生人敲门的事告诉了他们。爸爸妈妈竖起大拇指："妞妞，你真是个聪明的好孩子。"

孩子是很单纯的，如果父母不教导孩子"不给陌生人开门"的话，孩子可能就会开门了，这样就可能会发生一些意外状况。所以，父母一定要提醒孩子，当他一个人在家的时候，一定不要给陌生人开门。

有个6岁男孩一个人在家，突然有人来敲门说是抄煤气的，男孩就把门打开了。结果，那个人把男孩绑了起来，洗劫了家里的现金、银行卡等物品之后逃之夭夭。还好，男孩没有被绑走，这也算是不幸中的万幸了。

如果父母都能像事例中的父母一样，提前给孩子打好这样的"预防针"，孩子就会在大脑中具备这样的安全意识，就会保持高度的警惕，从而最大限度地防止危险的发生。

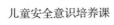

1.父母要以身作则

平时在家，如果有陌生人来敲门，父母也不要轻易给他人开门，可以先透过门镜问清情况后再开门。孩子看到父母经常这样做，他自然也会这样做的。

2.告诉孩子不要轻信

告诉孩子，无论对方有什么样的借口，比如说是父母的朋友、同事，或是远房的亲戚、查水表的、维修工人、查户口的、送礼品的，或是他手上有好吃的等，都不要让孩子相信，更不要开门。

3.必要时可以求救

让孩子知道，如果陌生人执意不肯离开，孩子就可以给父母打电话告知父母，或是到阳台上大声呼救，从而把陌生人吓跑。

4.锁好防盗门

父母外出时，一定要把防盗门锁好，并告诫孩子不可以随便开防盗门。

5.教孩子隔门问答的技巧

不要让陌生人知道父母不在家，甚至可以让孩子谎称父母正在睡觉或就在楼下等。

6.让孩子保持冷静

如果坏人以为家中没人而撬门进来时，不要让孩子反抗，也不要让孩子呼喊，要让孩子冷静。否则可能会让只想偷点钱的坏人不知所措，从而做出对孩子不利的极端行为来。

7.通过实际演练提高孩子的警觉性

让孩子能够独自面对陌生人上门这种状况，并不是一次说教就可以的，父母应该经常在生活中与孩子进行"陌生人敲门"之类的演习。

8.用故事的形式告诉孩子不可以给陌生人开门

我们可以给孩子讲《狼和七只小羊》的故事，并告诉儿童，家里没有大人时，不要给任何人开门，无论是谁都不可以，包括自称是爸爸妈妈朋友、亲戚的，都不可以开门，因为他们都很有可能是像大灰狼一样伪装的坏人。最好的办法就是不出声不说话，这样坏人就不知道只有一个人在家了。就算家里有大人在，有人敲门时也应该让大人去看敲门的是好人还是坏人，然后再决定开不开。

故事讲完后，家长一定要引导孩子做一些交流，以下是可参考的几个主要交流点。

第一，听完这个故事，你有什么感受？或者有什么问题？

第二，启发式分析：

（1）小羊开门后结果怎样？（被大灰狼吃了。）

（2）大灰狼为什么要进行伪装？（因为大灰狼一听就是坏人，小羊是肯定不会开门的，伪装后就比较容易让人相信了。

所以，光靠听和看是很难分辨门外是好人还是坏人的。）

（3）大灰狼是怎么知道只有小羊在家的？（小羊应该怎么做才不会受骗呢？最好的办法是谁敲门都不要开，也不要出声不要说话，这样大灰狼就不会知道只有小羊在家了。）

总之，我们要让儿童明白，这个社会太复杂，戴面具的人太多，谁也不知道面具的背后到底是一个好人还是一个坏人，总之不要给陌生人开门，才能保证自己的安全。

教育儿童不要随便吃陌生人的东西

年幼的儿童喜欢吃各种各样的小零食，许多不法分子正是利用孩子们贪吃的特点，对他们进行哄骗。

因此，大部分父母都会对孩子千叮咛万嘱咐说："千万不要吃陌生人给的食物。"但是，有的时候如果孩子拒绝吃不熟悉的亲戚（在小孩子的眼中这类亲戚也是属于陌生人的）给的食物，父母可能就会说："这孩子真不懂事，快拿着！"儿童这时就会比较迷惑，到底是吃呢？还是不吃呢？即使是父母在场，也不是所有陌生人的食物都能吃。作为父母，我们必须告诉孩子，什么样的食物不能吃，什么情况下陌生人给的食物能吃。

有家长在场时，一定要让孩子询问过父母，才能接受陌生人或者不熟悉的亲戚给的食物。家长不在场时，所有陌生人给的食物都不要吃，可以教小孩子说："谢谢，但是我不能收下这些食物。"实在是盛情难却时，爸爸妈妈可以让自己的孩子说："谢谢，我留着回家再吃吧！"在平时的日常生活中，爸爸妈妈也不要对孩子太苛刻了，应该适当地满足孩子嘴馋的要求，让孩子们知道这些食物自己就有，这样孩子们接受陌生人的食物的欲望就会变小。

1.告诉孩子，吃喝陌生人的东西要征得父母同意

在陌生人给孩子吃喝的东西时，要征得父母的同意，只要孩子牢记我们的话，不法分子就无机可乘。

2.给孩子讲讲吃喝陌生人东西受骗的案例

我们也可以给孩子讲一些因吃喝陌生人东西而受侵害的新闻或者真实案例，以提高孩子对陌生人的警惕，确保自身安全。有些成人没有保持对陌生人的警惕性，在火车上随便吃喝别人给的东西，结果被迷晕，导致身上物品和钱财全部被盗走。通过我们讲述的这些真实案例，孩子就会提高警惕，从而不随便吃喝陌生人的东西，进而远离危险。

3.通过情景模拟，检查孩子是否掌握应对技巧

我们可以仿照情景剧的模式，进行情景模拟，调查孩子是否已经掌握我们教给他的技巧。父母可以装扮成不怀好意的陌生人，用吃喝的东西去引诱孩子，看看孩子如何应付。在情景模拟中，我们可以帮助孩子改正应对陌生人的错误方法，增强孩子躲避陌生人不法侵害的能力。

孩子掌握应对陌生人给他吃喝的技巧以后，我们还可以和单位同事联合，互相测试孩子应对陌生人的技巧。可以约一个特定地点，用食品去诱惑彼此的孩子，看看孩子的表现如何。然后根据测试结果再进行进一步有针对性的教育。

4.和儿童一起看一些有教育意义的动画片

比如动画片《我的朋友猪迪克》中，大反派拉奇博士乔装打扮，诱骗善良的猪迪克用特制药水泡制过的酸樱桃做蛋糕送给梦琪。因为小伙伴们吃了这些樱桃，发生了不好的事情，大家开始吵架，梦琪的生日会就被破坏了。但是最终小伙伴们还是因为猪迪克阴差阳错地恢复了正常，而拉奇博士也自食了恶果。

动画片里虽然最后大家都相安无事，可是现实中却危险得多，各位爸爸妈妈们一定不要掉以轻心啊！

5.故事法让儿童知道随便吃陌生人给的食物的严重后果

比如，我们可以为儿童讲"上当受骗的小白兔"的故事。

有一天，小白兔在家外面玩，一只山羊老爷爷走了过来，他和蔼地问小白兔："小白兔，我和你玩怎么样？"

小白兔说："好啊好啊，我正愁没人跟我玩呢。"

山羊老爷爷笑了笑，就和小白兔玩开了。过了一会，山羊老爷爷掏出一块糖塞进嘴里，边吃边说："好甜啊，我从来没吃过这么甜的糖！"

小白兔馋得直流口水，眼巴巴地看着山羊老爷爷。"你是不是也想吃？我这还有一块，给你吃吧！"山羊老爷爷又从口袋里掏出一块糖，递给了小白兔。

"谢谢爷爷！"小白兔接过糖，迫不及待地吃了起来。过了没多大一会，小白兔觉得头晕晕的想睡觉，就趴在草地上睡着了。

等他醒来的时候，发现自己被人绑住了，就大喊："这什么地方啊，妈妈，妈妈！"

这时，一只大灰狼走了过来，恶狠狠地笑着说："别喊了，这里是我家，你妈妈听不到的，我一会就把你吃了！"

"大，大灰狼……我，我怎么会在你家里？"小白兔吓得

说话都结结巴巴的。

"傻瓜，当然是我把你带来的呀！你还记不记得那只给你糖吃的山羊老爷爷？哈哈，他是我伪装的，你吃的糖里我放了迷药，你一睡着我就把你带来了……"大灰狼大笑着说道。

小白兔呆了一下，才想起来山羊老爷爷给糖吃的事情，非常后悔，可是已经晚了。大灰狼说完就扑了上去，一口把它给吃了。

家长可以给孩子讲这个故事，告诉孩子千万不要吃陌生人给的东西，里面可能会有毒药，陌生人也有可能是大灰狼变的。

相信通过这些实际演练，孩子就会提高警惕性，不再随便吃喝陌生人的东西。

预防孩子走失的几大方法

在新闻里，我们经常看到一些儿童走失的报道，这让父母们很担心。那么，怎样才能减小儿童走丢的概率呢？

下面是一些预防的方法。

1.不能让孩子离开自己的视线

当孩子出现在我们生命里那刻起，他们就成为比我们生命还重要的珍宝。相信每位家长都是这样想的，所以为了孩子的安全，带着孩子出去玩的时候，坚决不能让孩子离开自己的视线。

五六岁的孩子特别爱跑，更不能掉以轻心，不能认为孩子大了就丢不了。

去旅游的时候，最好不要一个人带孩子出去，最好是家人结伴，或者与朋友一起，以便互相照应。

2.教孩子记住自己的居住地

孩子不仅要知道自己和父母的名字，尽可能地知道其他亲属的名字，还要记住自己住的城市名字以及小区名字和门牌号，但是要叮嘱孩子不能告诉陌生人。

3.教孩子如何拨打电话

也许孩子小的时候，父母都习惯教他自己的名字和父母的名字，但随着孩子的长大，我们必须让孩子熟记亲人们的联系方式，尤其是爸爸妈妈和家里的电话，同时还要教会孩子如何拨打电话，无论是手机还是固定电话，都要让孩子学会熟练使用。

4.教孩子紧急号码呼叫

从孩子学会拨打电话开始，我们也应该教会他拨打110求助电话，119火警电话和120救护电话。发生紧急情况时，如果孩子忘记了父母的电话，也许他还能想起这些应急的电话，从而获得帮助。

不过一定要记住告诉孩子，在紧急的时候才能拨打，不能报假警或占用公共资源。

5.培养智慧宝贝更重要

除了我们能教会孩子的这些方法外，培养一个聪明睿智的孩子也很重要；增强孩子意志力，遇到事情不慌乱，临危不惧，用智慧来解救自己。

现在的孩子都非常聪明，但是要让他们临危不乱，遇到事情不大哭，还真是不容易，所以就得靠平时来培养，教他们遇到事情的时候怎么自救。例如在超市找不到爸爸妈妈，可以求助穿超市制服的工作人员帮忙，在街上可以请求警察叔叔帮忙。也要教孩子识别公安局标识，遇到困难了，在街上没有警察的时候，可以在街上找派出所和公安局驻地，或者教孩子识别军队等标识，只要孩子迷路后任意找到这些单位求助，相信大部分情况下都可以得到帮助。

不过，如果伤害已经发生，再多的事后弥补也不能擦去孩子走失后父母的伤痛，因此最要紧的就是别让孩子离开你的视线，用心照看自己的孩子，别让他离开你，直到他有能力保护自己。

告诉孩子如何摆脱陌生人的跟踪

现在有些不法分子为了达成犯罪目标，往往会提前做很多准备工作，并且对孩子进行跟踪盯梢以寻找下手的时机。孩子，尤其是年幼的儿童，他们的警惕心往往是有限的，如何才能教会孩子在被人跟踪盯梢的情况下保持冷静，机智地甩开跟踪、寻求帮助呢？

我们先来看下面一个案例：

丁丁已经一年级了，他完全能自己上下学了。

不过，每天早上，丁丁出门前，妈妈都还是会一再叮嘱他："等下叫上小明一起走，你们不要抄近道走小路，一定要走大路、人行道，记住爸爸妈妈的电话号码，有什么问题要随时打电话给我们！"妈妈天天都说这个问题，听得多了，丁丁就开始烦了，"知道了，知道了，妈妈，每天都说这些，真啰唆！"

于是，妈妈很严肃地走到丁丁面前蹲下，看着他的眼睛："丁丁，妈妈知道你天天听同样的话可能有点厌烦了，不过，妈妈还是要提醒你，安全第一，一定要记住妈妈的话，千万要小心！明白了吗？"

"好啦，我记住啦妈妈！再见！"丁丁迫不及待地背起书包，邻居家的小明正在楼下等着自己呢！

就这样，两个小朋友一起一前一后地出门了。突然，小明提议道："丁丁，要不咱们今天走小路去学校吧，这样我们就是到学校的第一名！"丁丁想了想，答应了！

于是，他们俩拉着手拐进了一条小胡同。小胡同里光线很暗，看不到什么人，走着走着，丁丁偶然回头，突然觉得有点不对劲，后面有个穿黑衣服戴着连衣帽的大个子叔叔，好像一直在跟着自己，当丁丁和小明停下脚步，他也停下了脚步。

于是丁丁拉了拉小明的手，悄悄对他说："小明，好像有人跟着我们，我们走快点，赶紧到大路上去！"他们加快了速度，后面的大个子黑衣人也加快了速度。于是丁丁更加肯定了自己的担心，他拉着小明的手，装作慢悠悠地溜达，突然拐进了另外一条胡同，然后拼命跑到了大路上。再回头看时，还好，黑衣人不见了。

过了会儿，他们看到那个人又出现在离学校不远的地方，他赶紧对旁边一个戴着红袖章的交通协管员阿姨说："阿姨，那个人跟踪我们很久了。""哦，那多危险，你们赶紧到人行道那边去，找个商店进去先待着，打电话叫你们爸爸妈妈来接。我给前面的交通岗亭打个电话，让他们注意这几个人的行动。"

于是丁丁赶紧拉着小明，一溜烟地穿过人行道，进了一家商店，打电话叫妈妈来接自己。不一会，妈妈就到了，丁丁一下扑到了妈妈怀里，紧紧地抱住了妈妈。妈妈亲了亲他的小脸，安慰道："没事，有妈妈在！幸亏你记住了爸爸妈妈的电话号码！""妈妈，我以后再也不嫌你啰唆了！"丁丁不好意思地在妈妈耳边小声说道。

这则案例中的丁丁和小伙伴是幸运的，也是聪明的，面对坏人跟踪，他们灵活应对、机智逃脱，没有给坏人伤害自己的机会。

如何防止被跟踪和摆脱跟踪，是我们要教会儿童保护自己的重要一课，我们要告诉孩子：当一个人走在上学或回家的路上，偶然间无意回头，发现有人时隐时现总跟在后边，而当你注意他时，他却不自然地躲开；你走他也走，你停他也停，这表明你被坏人跟踪了。

面对可能发生的跟踪威胁，我们要教导孩子冷静应对并积极预防。

1.面对跟踪要冷静机敏

（1）不能惊慌失措，要镇静。

（2）迅速观察环境，看清道路情况，哪儿畅通，哪儿不通；哪儿人多，哪儿是单位。

（3）立即甩开坏人。方法就是跑开。向附近的单位跑，向有行人、有人群的地方跑。如果是夜晚，哪处灯光明亮，就往哪跑。如果附近有居民家，往居民家里跑求救也可以。

（4）可以正面相视，厉声喝问："你要干什么？"用自己的正气把对方吓倒、吓跑；如果对方不逃，可大声呼喊，引来行人。如果坏人不跑，那么你就要立即作出反应，自己跑开。

（5）如果被坏人动手缠住，除了高声喊，还要奋起反抗，击打其要害部位，或抓打面部；你身上或身边有什么东西可用，你就用什么东西，制止坏人接触自己身体、侵害自己。

2.平时出行要主动预防

（1）放学回家和出外活动时，尽最大可能创造条件结伴而行，减少单人行走机会。

（2）不在行人稀少或照明差的地方走、游玩。如果时间晚了，要想办法通知家人去接你。

（3）尽可能不向外人宣传自己家庭情况，以防坏人听到后，了解你的行动规律。

（4）切记不可冒险，不可存有侥幸心理。不要老用"没事儿"来安慰自己。

第 06 章
社交安全，让儿童学会勇敢、正确地交友

　　作为父母，我们都知道，我们的孩子早晚都要离开家庭，步入学校和社会，他们会有自己的朋友、自己的圈子，都要学会与陌生人打交道，然而，儿童是纯真善良的，他们并不懂得防人之心不可无的道理，因此，父母有必要尽早让儿童在社交中学会保护自己。

管住自己的嘴，告诉儿童别在背后议论他人

我们都知道，随着儿童的成长，他们越来越渴望友谊，希望有几个能说知心话的朋友，为了获得对方的信任，他们常常会聚在一起交谈一些私密事，这是联络感情的一个方式。但无论如何，我们都要告诉儿童不要在背后议论他人。一个心慈友爱的孩子多半能站在他人角度考虑，对于他人的是非，也能做到三缄其口。其实，我们不妨引导儿童思考："如果你是当事人，你成为他人议论的对象，你会有什么感受呢？可能你议论他人是因为和对方产生了矛盾，此时，你可能有负面情绪，但你若在背后议论对方，那么，这对于你们之间的矛盾毫无帮助，还会让对方对你的误会更深。"

因此，我们要让儿童明白，要想获得友谊，首先要做到管好自己的嘴，决不在背后议论他人。

这天课间，五年级的李月一个人去卫生间，当她准备出来的时候，听到班上几个女生叽叽喳喳地说："你们发现没，孙露居然打耳钉了，我们才多大呀，太过分了吧？"

"我也看到了，你说老师怎么不说她……"

"可能老师没注意到吧，不过要是她爸妈知道，非得气死

不可……"

啊，原来她们聊的是自己的好姐妹孙露，这些人太八卦了。想到这，李月主动站出来说："好像在背后议论人家的是非不大好吧，另外，打不打耳洞是她自己的自由，碍着你们什么事儿了。"李月一番话说得她们哑口无言。

很快，孙露听说了这件事，她很庆幸自己有个这么仗义的朋友。

故事中，李月在听到同学们议论其他同学时，并没有参与到其中，而是主动站出来为他人澄清，她因此获得了朋友的信任和肯定。

每一个孩子都希望自己周围的学习和生活环境是和谐的，而实际上，如果有人无风起浪，在背后议论他人是非，同学、朋友之间会心生间隙，那么，和谐就成了空话。因此，家长要告诉孩子，如果他们想要获得良好的人际关系，就要保持健康适当的情绪、语言、举止和善意的态度，在同学、朋友间营造和谐的关系。

为此，从现在起，我们要引导儿童记住以下几点原则。

1.尊重他人

与同学、朋友相处，都要以尊重为前提。如果你不喜欢对方，那便更要重视"尊重"的作用，因为两个相互讨厌的人，往往观点更不一致，如果此时不讲"尊重"，会产生更多分歧，制造更多敌对情绪。对自己越看不顺眼的人越应该主动征求对方意见，主动尊重对方，这样可以使两个人的关系变得融洽，使对方更尊重你。

2.不要在背地里说别人坏话

不要在背后议论同学，尤其是自己讨厌的人，更不要说出讨厌他的理由。你们之间的分歧和恩怨更不要对第三方说起，如果别人提起，最好敷衍地说"观点不一致"，而不要用情绪字眼。"背后不道他人是非"是最起码的做人态度。

3.出现分歧应就事论事

天天与同学、朋友打交道，难免会产生一些分歧，如果真出现冲突，应理智解决，就事论事，不要掺入以往恩怨或者个人情绪，否则会更加复杂。尤其是双方在公事上出现较大分歧，应理智地说出自己这样处理的理由，然后询问对方的理由，综合考虑后再做出决断，不应意气用事；不应该武断认为对方在针对你；更不应该用过于激烈的情绪用词；更不应该进行人格侮辱或人身攻击。如果分歧不能达成一致，不妨做成两种方案，请长辈或老师裁断。

儿童远离恶友才能安全成长

作为父母，我们都知道，我们的孩子和成人一样，他们从孩童时代开始就渴望结交朋友，就渴望有自己的玩伴。随着孩子的成长，他们交什么朋友，与什么样的人交往，会对他的一生造成影响，不但影响着他们的言行、穿着打扮、处世方式、兴趣趣味，还影响着他们自身的价值观、对自我的认识。

因此父母要明白，交友应该是有选择的，而且要择善而从，和好人交朋友，孩子自身才能提高、完善。所谓"与善人居，如入芝兰之室，久而不闻其香"，长期与一个人在一起，自然会受到潜移默化的影响。相反，孩子如果与恶友结交，也会受到负面的影响。因此，父母要注意孩子的非正常交往。

张女士发现自己的儿子小凯最近有点不高兴，经过问询后才得知，原来小凯最好的朋友俊俊最近有了新朋友，便不理小凯了。张女士心想，怪不得这孩子最近也不来家里"蹭饭"了，也不和儿子一起玩游戏、打球了。

一次交谈的过程中，俊俊告诉张女士，他认识的这帮哥们儿人都很好，经常请自己吃饭，还带自己去玩，张女士心里便有点担忧，怕对方交了不良朋友。

果然，不到半个月，俊俊就跑来对小凯说："原来他们并不是什么好人。那天，他们说要带我去玩，我们去了台球室，我亲眼看见他们勒索别人，后来，他们还让我抽烟喝酒。我还小呢，抽烟喝酒伤身体。我现在怎么办，他们肯定还会再来找我的。"

张女士对俊俊说："别担心，以后回家的路上就和小凯还有其他同学一起，人多，他们不敢怎么样。另外，俊俊，阿姨要告诉你，你这种交朋友的原则是不对的，这些社会不良青年就是要对你们这些单纯的青少年下手，他们往往用的是同一种伎俩，朋友贵在交心，而不是物质上的，你明白吗？真正的朋友是帮助你成长成才的。"

听完张女士的话，小凯和俊俊都似乎不太明白，于是，针对择友标准，张女士再为孩子们好好上了一课。

当然，对于年幼的孩子来说，他们并不十分清楚何为正确的择友标准，这就需要我们在生活中潜移默化地告诉孩子。

1.鼓励儿童拓宽自己的交友面

我们要多鼓励孩子通过广交朋友来完善自己，扩大自己的交友圈子，接纳不同类型的朋友，多层次、全方位的朋友无疑对儿童的发展是有益的，当然，还应鼓励孩子把那种见利忘义、损人利己的"小人"排除在外。

另外，我们要培养儿童广阔的胸怀，因为只有心胸开阔的孩子才能包容朋友的过错。你可以告诉他：如果朋友敢于直陈己过、当面批评自己的过失，那才是真正的诤友。

2.告诉儿童什么是益友

因为每个人的需要是不一样的，所以择友上也有不同的标准。不过，择友是有一些规则的。古人云："择友如择师。"现实生活中，一般人都喜欢找各方面或某一两个方面比自己强的人做朋友。以强者、优秀者为自己平时行为举止的榜样，在同龄人中，见多识广、有能力的人更容易引起周围人的注意，更容易交到朋友。当然，每个人都有每个人的长处，见到别人的长处，应该学，见到别人的短处，应该戒。不可盲目自满和自卑，只要自己肯学习，肯修正自身的不足，将来一定会有作为。

3.培养儿童的观察力，教会其谨慎交友

古语云：近朱者赤，近墨者黑。是否能交到益友，关系到孩子的一生。所以，我们父母要教会儿童谨慎交友。

在还未了解对方基本品质之前，仅凭一时谈得来和相互欣赏就贸然地把自己的信任与情感全盘托出，是容易为以后不良关系的展开埋下伏笔的。

我们在平时就要教育孩子注意：朋友要广，但不能滥交，要恪守"日久见人心"的古训，通过与对方多次交往与活动，通过观察对方的言谈与举止，洞悉对方的个性、爱好、品质，觉察他的情绪变化，从而判断他是否值得深交。

4.告诫儿童要与不良朋友划清界限

孔子曰："损者三友，益者三友。"孩子交上好的朋友，有利于自己学习进步和个人身心全面发展，一生受益无穷。但孩子毕竟是孩子，缺乏社会经验和分辨是非的能力，父母不应该阻拦孩子交友，但也应该告诉他谨慎交友这个道理。要鼓励他与有道德、有思想、有抱负的人做朋友，要与遵纪守法、正直、善良的人做朋友，要与学习认真、兴趣广泛的人做朋友，而对于那些不良朋友，一定要划清界限，要知道，有些孩子受周围不良朋友的影响，拜金主义、享乐主义思想不断滋长，追求奢侈的生活作风，放纵自己，不仅荒废学业，还有可能走上违法犯罪的道路。

告诉儿童江湖义气害人害己

这天，某小学四年级一班发生了一件集体打斗事件。事情是这样发生的：

原来，四年级一班班干部选拔需要有三个月的试用期，很快，三个月过去了，班主任老师让班上的同学重新选出班干部，结果呢，对于班长的职务，班上的男生一半选择原来的代理班长，而另外一半男同学，却选张宇同学，并且选票完全一致。那天中午，班主任老师让大家再商量一下，下午做出决定。结果，就在午休的半个小时中，班上出现了一场激烈的战斗，要不是班主任老师及时出现，这些男孩子都开始抄起"家伙"了。而经过了解，原来这两位班长"候选"人，早就在班上培植了一批"小弟"。其中有几个胆小的男孩对老师透露，其实，他们不想加入的，但又怕被其他男同胞们鄙视，就加入了。老师是又气又急，现在的孩子，小小年纪，却开始盲目讲哥们儿义气了。

后来，班主任老师请来了几位家长，共同商量怎么解决这事，有位家长说："我的儿子学习非常好，这您是知道的，但就是不听爸爸妈妈的话。另外，这孩子从小就喜欢看《水浒传》，因此特别注重友谊，今年暑假的时候，他去看了他小时候的玩伴，那个男孩被社会上的人打了，结果我儿子居然买了一把很长的匕首，非要帮那玩伴报仇，要不是我们及时发现，恐怕都已经酿成大错了。老师，我想知道这种孩子的心态是怎么样的，我们应该怎么教育呢？"

其实，类似这样的现象在不少青少年乃至儿童身上都时有发生，随着年龄的增长，视野的开阔，他们对外界事物所持的态度和情感体验也不断丰富起来，他们渴望交友，都有了自己的交友圈子，都有自己的几个哥们儿，于是，相互之间就称兄道弟，并盟誓要有福同享有难同当，这就是哥们儿义气。

然而，所谓的江湖义气是一种比较狭隘的封建道德观念。它信奉的是"为朋友两肋插刀""士为知己者死""有难同当，有福同享"，即使是错了，甚至触犯法律，也不能背叛这个"义"字。总之，它视几个人或某个小集团的利益高于一切。因而，它与同学之间的真正友谊是截然不同的。

生活中，有些父母认为，孩子有几个铁哥们儿、姐妹儿，在学校就不会孤单了，于是，他们放宽了心，把孩子交给了学校，由老师全权管理，当儿童因为打架斗殴被学校处分的时候，才意识到自己的失职。孩子盲目讲江湖义气，很容易误入歧途。那么，父母应该怎样引导儿童理智对待友谊，摒弃江湖义气呢？

1.告诉儿童友谊的真正含义

儿童涉世不深，善良单纯、注重友情，与人交往时感情真挚。但儿童容易缺乏明确的道德观念，分不清什么是真正的友谊，甚至把"江湖义气"当成交朋友的条件，从而误入歧途。

家长应该告诉儿童，友谊是人与人之间的一种真挚的情感，是一种高尚的情操，友谊使你赢得朋友。当遇到困难和危险时，朋友会无私帮助你，如果有了烦恼和苦闷时，可以向朋友倾诉。

而友谊与哥们儿义气是不同的，友谊是有原则、有界限的，友谊对于交往双方起到的都是有利的作用，因为友谊最起码的底线是不能违反法律，不能违背社会公德。而"哥们儿义气"源于江湖义气，是没有道德和法律界限的，为"朋友"两肋插刀，这就是他们所信奉的。友谊需要互相理解和帮助，需要义气，但这种义气是要讲原则的，如果不辨是非地为"朋友"两肋插刀，甚至不顾后果、不负责任地迎合朋友的不正当需要，这不是真正的友谊，也够不上真正的义气。

2.理解孩子渴望友情的心情

那些喜欢讲江湖义气的儿童，相对来说，都缺乏长辈的肯定，从而希望在同龄人身上得到赞同。每个儿童都渴望与人交往，获得友谊，对此，家长要予以理解，你可以告诉儿童："爸爸（妈妈）知道你压力大，需要一个朋友倾诉，但你可以把爸爸（妈妈）当成好朋友啊！"儿童在得到父母的认同后，也就能与父母坦诚地交流了。

3.培养儿童是非观，提高其辨别能力

儿童是非观念的培养是需要一个过程的，当儿童有所进步的时候，家长要鼓励、表扬和奖赏他，这样可以使他得到精神上的满足和感情上的愉快，巩固已有进步。儿童做错了，家长不应体罚他，而应进行必要的严肃批评，耐着性子和他说理。

4.教会孩子克制冲动的情绪

有时候，孩子在朋友遇到困难或者不利时，出于义气，他们会不经过思考，做出一些冲动的行为，比如为了朋友打群架等，其实，孩子的想法并没有错，只是太过冲动，有时候好心办了坏事。

对于这种情况，我们应对孩子说："你这样做，并不能帮助朋友，冲动起不了任何作用，反倒帮了倒忙！朋友有难，你该帮助，但是要选用正确的办法！"你不妨让他先冷静下来，再帮他找到解决问题的办法。

教育儿童，绝不参与拉帮结派

这天放学后，教导主任王老师正准备收拾东西下班回家，一个五年级的男生气喘吁吁地跑过来对他说："不得了，王老师，我看到我们班十几个男生在打群架，你快去看看吧。"

王老师不明就里，于是，一边询问这名男生具体情况，一边往出事地点——操场赶。原来，这十几个男生跟社会上的人有接触，分别跟着不同的"老大"，这两名"老大"一直关系差，所以这些男生也就在学校内形成了不同的帮派，这天，他们因为一些鸡毛蒜皮的事吵起来了，最终大打出手。

幸亏教导主任赶到时，学生们还未正式动手，不然后果不堪设想。

随着孩子逐渐长大，"友谊"已经成了孩子非常看重的观念，但是"敌人"却也是他们的常用词。一些儿童排斥同伴，是因为受到个性和周围环境的影响，实际上，越是那些外向、被众星拱月般对待的孩子，越是喜欢树敌，尤其是年纪较大的儿童，为了获得他人的支持，他们会去拉拢身边的小伙伴，从而获得支持，严重一些的孩子会用欺负某个"丑小鸭"的方式表达。"孩子王"会渐渐崭露头角，有的孩子会比较低调，以为放低自己的姿态会让他看上去少一些威胁和更受同龄人喜爱，而且也渐渐开始有了私人小帮派的雏形，只是大多数孩子对于小团伙的兴趣都还十分粗浅。

实际上，无论出于什么原因，拉帮结派的行为都要引起我们父母的重视。要知道，成长期的孩子对于一些不良行为习惯吸收得更快，甚至会引起一些不利于他们进行社会适应的心理卫生问题。

不少儿童正是在这种错误心理的引导下而陷入帮派的陷阱。其实，这些孩子并非天生偏爱暴力与犯罪。经过引导和随着人生阅历的增加，大部分成员都会重新融入社会。

近年来青少年违法犯罪数量呈上升趋势，而"小团伙""小帮派"更是突出的一个方面，颇受社会的关注。据调查，这些青少年在童年时就喜欢凡事动用武力、与小伙伴称兄道弟。从心理方面讲，儿童的心理还都尚未成熟，处于一种起伏不定的状况，很容易受到外界的影响和引导，正确的引导当然对他们的身心发展有好处，但错误的引导，就可能会导致他们误入歧途。

因此，我们必须要对儿童加以引导，让他们远离帮派组织。在儿童心理品质的教育中，意志的培养尤为重要。孩子必须有自我约束力和控制力，懂得明辨是非黑白，同时，应该有自己的交友原则，交益友，多参加一些有益于身心的活动，从而建立起正常的同学友谊。

那么，我们家长该如何掌握放手的度，帮助孩子形成健康的人际交往呢？

1.引导儿童换位思考

引导孩子学会换位思考，对于孩子的人际关系特别重要。当孩子和别的孩子发生矛盾时，家长可以在了解事实的基础上，引导孩子换位思考，试着提示一下孩子，如果你是另外的那个孩子，你会怎么想？如果别人这样对你，你会有什么感觉？让孩子学会去理解他人，当孩子表示出对他人的尊重、理解时，家长应该及时鼓励孩子。

2.和孩子讨论问题，引导孩子理性分辨是非，拒绝武力解决

在人际关系中，引导孩子理性分辨是非也是非常重要的。孩子看问题都比较直观和感性，家长可以和孩子一起讨论，比如：社会现象、生活中的事、电影电视、书籍中的情节。引导孩子看到他们没有看到的事情的另一面，看到他们在看事情时被忽视了的问题，让孩子对问题有新的看法，帮助他们建立正确的是非观念，当孩子懂得理性看待问题时，也就能控制自我从而避免动不动用武力解决。

保护孩子但也要鼓励孩子自信与人交往

人际交往是一门学问，童年是培养一个人交往能力的重要时期，这是积累人生阅历和社会实践能力的重要时期之一。然而，很多孩子因为一些心理原因，比如自卑等，害怕与周围的同学交往，把自己的活动限制在一定的范围内，更严重的，产生交往恐惧症，严重影响心理健康。克服心理障碍，才能走出交往的第一步。

"我是一个四年级的女孩，虽然年龄还小，但却很胆怯，并且内心自卑，我在一所很好的学校读书，在班里能排前几名。我有两个很好的朋友，她们很优秀。虽然我知道，我没有那样想的必要，可是我毕竟是个学生，我不能不关心学习。我不知道她们为什么学得那么好，甚至有男生喜欢她们，我不明白这到底是因为什么。久而久之，我就不大愿意跟她们甚至是周围人说话了。

"现在，我大概已经被同学们遗忘了，我开始看那些我不喜欢的东西，开始看动漫，开始看小说，我的性格开始变得内向。我现在好迷茫，我不知道该怎么办。马上就要开学了，怎么办，我已经不知道我要怎么面对学习，面对我的这些同学了。"

教育心理学家认为，每个孩子生下来就具有不同的气质类型，一些孩子因为性格内向，一般不自信，会有点害羞，外向的孩子可能在交往中比较大胆。气质性格类型没有好坏，只是表明了孩子对待世界的不同方式。但家长一定要注意孩子的心理成长，别把孩子的不自信当成孩子的内向和害羞，一旦发现孩子不自信，就需要根据孩子的特点进行引导，让孩子喜欢交往，擅长交往。但家长也不必担心，这个年龄段的孩子性格可塑性很大，及时正确引导，是完全可以达到效果的。

那么，家长具体应该怎么做呢？

1.给孩子与人接触的机会

家长可以带孩子参加故事会、联欢活动等，还可以经常带孩子走亲访友，或把邻居小朋友请到家中，拿出玩具、糖果、画报，让孩子慢慢习惯和别的孩子交往。孩子通常需要安全感，所以起初有家长在一旁陪伴，会让他比较放心。

2.家长多进行积极引导，避免强调孩子的弱点

如果家长朋友说，"我的女儿胆子小、不自信、走不出去"，实际上这是在强化孩子的弱点，结果是："胆大"的孩子更"胆大"，"害羞"的孩子更"害羞"。有的家长会有意无意地说："你看人家妹妹都会打招呼，你怎么都不会说呢？"这样的比较，反而会对孩子幼小的自尊心产生伤害，让她们更加害羞，更加不愿意说话。所以家长不要轻易去比较，要相信自己的孩子就是最棒的。

当有其他人问候孩子时，家长可以让孩子自己来回答，不必代替孩子来说。如果孩子不愿意说，可以进行一些引导，如"小朋友跟你问好了，你该怎么回答啊？"当孩子自己与"陌生人"进行交流以后，逐渐就会胆大和自信起来。

3.教孩子学会自制

与人相处，难免会因意见不同、误会等原因发生摩擦冲突，而面对摩擦，学会克制自己的情绪，就能有效地避免争论，"化干戈为玉帛"。要想克制自己，就要学会以大局为重，即使是在自己的自尊与利益受到损害时也应如此。但克制并不是无条件的，应有理、有利、有节，如果是为一时苟安，忍气吞声地任凭他人无端攻击、指责，是怯懦的表现，而不是正确的交往态度。

4.教给孩子一些交往技巧

这是让孩子逐渐自信起来的最佳办法。家长可以教给孩子一些交往技巧。比如：带着有趣的玩具走到其他小朋友的身边，这就能吸引别人的注意；做与其他小朋友一样的动作，也会得到友好的回应；想玩别人的东西，就教孩子说："哥哥姐姐让我玩玩好吗？"让孩子自己去说，哪怕是家长教半句，孩子学半句也好。如果得到了满意的回答也别急着玩，要让孩子学会说"谢谢"；如果得不到满意的回答，家长可以打圆场，转移孩子的注意力。家长要明白，集体里的孩子是一定会经历失败的，父母现在教孩子一些交往技巧，以后孩子独立面对失败时就不会承受不起。

5.及时表扬你的孩子

我们的孩子都是脆弱的，他在交往中迈出的每一步都需要父母的支持与鼓励。当孩子能大胆与其他人进行交往时，及时的表扬会让孩子更加自信，更乐于去与别人交往。

6.让孩子多做些运动

研究表明，无论男孩女孩，运动能够增强孩子的自信心，发展孩子的交往能力。家长也不妨多和孩子玩一些体育游戏，如球类游戏、赛跑游戏等。引导孩子学会交流的最好时机是在他进行最喜欢的活动时。一般来讲，在大人与小孩子，或者孩子与孩子互动玩乐、运动的时候是孩子最放松的时候，也是引导他与人交流的最好时机。

我们教育孩子，除了给孩子一个轻松舒适的生长环境、优越的生活条件和有品位的生活以外，还需要教会孩子如何自信地与人交往，而这需要我们在孩子还很小的时候就给其制定一些交往规矩。要知道，一个落落大方、平易近人的人才能赢得别人的赞同、尊重和喜欢，才不会孤独。

第 07 章
人身安全，告诉儿童上学和放学路上快快走

　　我们都知道，儿童是脆弱的，需要保护，但我们的孩子始终要独立面对人生风雨，因此，不少家庭会让孩子学习自己上学和放学，以此锻炼孩子的独立能力。但在此过程中，我们也要教会孩子掌握一些保护自己、应付坏人的方法，比如，不要踩井盖、防止偷盗等，以此保证儿童的人身安全。要知道，懂得独立安全地生活，才是一个孩子真正成熟的标志。

告诉孩子，一个人时不要给陌生人带路

作为成人，我们都知道，孩子，尤其是年幼的儿童，他们的世界是单纯善良的。我们经常教育孩子要乐于助人，但我们同样要告诉孩子，要谨防坏人利用我们的善良来害我们。比如，一些坏人经常利用孩子的同情心，让儿童为他们带路，趁机对儿童实施违法犯罪活动。

一天，9岁的女童雯雯单独走在路上，走着走着碰上一对中年夫妇。中年夫妇说自己很饿，身上没钱，想吃一碗面。

雯雯马上掏出身上的零花钱来给他们，他们又说，自己不能收小朋友的钱。其实，这对夫妻并不是心善，而是要做更大的恶。果然，他们要求雯雯单独带他们去吃面，雯雯又相信了。

雯雯要回家，所以想尽快走，她看到一个面馆就说"就这地方吃吧"。但是那一对夫妇又说："这店看着很好，肯定挺贵的，我知道前面一家比较便宜，我们还是换一个便宜一点的。"

其实，他们所谓便宜面馆就是他们要带雯雯去的危险地方。

结果雯雯又往前面走，到了夫妇需要到的地点。雯雯说还是换一家吧，估计是感觉不对劲。但是中年夫妇一直把她往里面推，幸好她当时用力挣脱跑了。

后来雯雯听到同学说他们学校有个女生失踪了，她觉得非常后怕。如果自己不够清醒的话，可能就遇上这样的事情了。

案例中的雯雯是幸运的，如果不是她用力挣脱，可能已经被坏人谋害了。

其实这类事件绝非偶然，一些不法分子正是利用孩子的同情心对他们实施犯罪行为。大部分孩子面对陌生人是有警惕意识的，但是在面对陌生人的"求助""搭讪"或是"诱惑"时就不知怎么办好，往往会陷入陌生人的圈套。

大部分家长会提醒孩子不要和陌生人说话，不要吃陌生人的食物，不能跟陌生人走，然后大部分时间都把孩子带在自己身边。但是面对"求助""搭讪"问题，家长也很纠结：告诉孩子置之不理吧，可能会让孩子过度自我保护，与乐于助人相矛盾；让孩子热心吧，又怕给坏人可乘之机。

这是一个技巧性问题，需要把握分寸。让孩子在确保自己安全的前提下帮助他人，是我们应该传达给孩子的。既不能抹杀孩子善良热心的本性，也必须保证孩子的安全。

告诉孩子，一旦遇到问路，必须马上警觉，因为一个成年人向一个小孩子问路，实在让人觉得居心叵测。

如果在相对安全的环境中，可以选择在原地告知路况，如果要求带路，孩子可以拒绝，或是向周围熟识的人求助，最好向穿着制服的人求助。如小区的保安、商场里的制服售货员、马路上的交警、道路两边的店铺工作人员等。

如果心里有些怀疑，让孩子学会使用机智的回答：

"不好意思，我不知道，要不你去问问那里的人。"

"你可以问问我妈妈。"

"交警在那里。"

"那个商店的老板知道在哪里。"

如果是偏僻的地方或是孩子已经感觉到了危险，坚决不能带路，并尽量去人多的地方。

我们还要告诉孩子：如果有人想要请你"帮忙"，尤其让你离开你目前的位置"帮忙"，即使是很小的距离，也最好谨慎，最好带上几个同伴或是告知家长，或者选择拒绝；如果有人和你搭讪，可以选择礼貌性地回答两句，不要说得过多，我们的人际关系并不是在马路上建立起来的。

儿童如何防止交通事故

按粗略的统计，进入21世纪以来，我国每年因道路交通事故造成死亡的人数都在十万左右，中小学生的比例接近15%，对于成长中的儿童来说，他们的生命安全也受到交通事故的重大威胁，那么，儿童交通事故发生的原因是什么呢？

1.从儿童的生理特点分析

（1）活泼好动，自控力差。这种活泼好动的生理特点，使他们在穿行公路和街道时，或互相追逐嬉戏，或在马路上捉迷藏，行走路线变化无常，不顾前后左右，不理车辆行人，任意穿行，极具突然性，因此发生交通事故的概率很高。

（2）交通行为频繁。儿童交通活动的路线虽不复杂，但是每日需数趟往返通行于学校和家庭之间的街道和公路。另外，他们在节假日和课余时间还经常上路嬉耍，是参与交通活动比较频繁的群体。

（3）交通活动特点明显。儿童上学、放学时间性强，且基本上都是集体行动。儿童上学放学时间又正逢机关单位上下班，是车辆行人的高峰期，机动车流、自行车流、人流和学生流迅速交汇，交通环境立刻复杂起来。由于他们正处在成长阶段，身体和大脑发育还很不健全，反应能力、判断能力、处理突发情况的能力较差，同时，少年儿童缺乏应有的交通安全常识，交通安全教育与管理薄弱的问题较为突出。

2.从儿童的心理特点分析

（1）好奇心强，喜欢冒险。儿童思维简单，思想单纯，求知欲望强烈，易产生盲目的冲动和冒险行为，如与车辆赛跑，追车扒车，骑车追逐嬉戏，胡钻乱窜，低头猛拐，骑车撒把等，极易诱发交通事故。

（2）法制观念和安全意识淡薄。儿童处在启蒙教育和基础教育阶段，知识面窄，对违章的危险性没有足够的预料。在交通活动中，往往充满幼稚的自信，想跑就跑，想走就走，想过马路就立即横穿，导致正常行驶的车辆防不胜防。在现实交通活动中，儿童的好奇心和贪玩心理造成了大量的交通事故。

那么，儿童如何防止交通事故呢？以下是我们父母需要告知儿童的注意事项。

1.步行时的做法

（1）在道路上行走，要走人行道；没有人行道的道路，要靠路边行走。

（2）集体外出时，最好有组织、有秩序地列队行走；结伴外出时，不要相互追逐、打闹、嬉戏；行走时要专心，注意周围情况，不要东张西望、边走边看书报或做其他事情。

（3）在没有交通民警指挥的路段，要学会避让机动车辆，不与机动车辆争道抢行。

（4）在雾、雨、雪天，最好穿着色彩鲜艳的衣服，以便机动车司机尽早发现目标，提前采取安全措施。

2.横穿马路时的做法

（1）穿越马路，要听从交通民警的指挥；要遵守交通规则，做到"绿灯行，红灯停"。

（2）穿越马路，要走人行横道线；在有过街天桥和过街地道的路段，应自觉走过街天桥和地下通道。

（3）穿越马路时，要走直线，不可迂回穿行；在没有人行横道的路段，应先看左边，再看右边，在确认没有机动车通过时才可以穿越马路。

（4）不要翻越道路中央的安全护栏和隔离墩。

（5）不要突然横穿马路，特别是马路对面有熟人、朋友呼唤，或者自己要乘坐的公共汽车已经进站，千万不能贸然行事，以免发生意外。

3.骑自行车时的做法

（1）要经常检修自行车，保持车况完好。确保车闸、车铃灵敏、正常，尤其重要。

（2）自行车的车型大小要合适，不要骑儿童玩具车上街，也不要人小骑大型车。

（3）不要在马路上学骑自行车；未满十二岁的儿童，不要骑自行车上街。

（4）骑自行车要在非机动车道上靠右边行驶，不逆行；转弯时不抢行猛拐，要提前减慢速度，看清四周情况，以明确的手势示意后再转弯。

（5）经过交叉路口，要减速慢行，注意来往的行人、车辆；不闯红灯，遇到红灯要停车等候，待绿灯亮了再继续前行。

（6）骑车时不要双手撒把，不多人并骑、互相攀扶，不互相追逐、打闹。

（7）骑车时不攀扶机动车辆，不载过重的东西，不骑车带人，不在骑车时戴耳机。

（8）要掌握基本的交通规则知识。

4.乘坐机动车时的做法

（1）乘坐公共汽（电）车，要排队候车，按先后顺序上车，不要拥挤。上下车均应等车停稳以后，先下后上，不要争抢，不要乘坐超载车辆。

（2）不要把汽油、爆竹等易燃易爆的危险品带入车内。

（3）乘车时不要把头、手、胳膊伸出车窗外，以免被对面来车或路边树木等刮伤；也不要向车窗外乱扔杂物，以免伤及他人。

（4）乘车时要坐稳扶好，没有座位时，要双脚自然分开，侧向站立，手应握紧扶手，以免车辆紧急刹车时摔倒受伤。

（5）乘坐小轿车、微型客车时，在前排乘坐时应系好安全带，不能乘坐无牌照或报废车辆。

（6）尽量避免乘坐卡车、拖拉机；必须乘坐时，千万不要站立在后车厢里或坐在车厢板上。

（7）不要在机动车道上招呼出租汽车。

井盖不要踩，危险不会来

生活中，可能不少父母在小时候会有这样的经历：凡是遇到有小水坑、井盖的地方，非得上去踩踩才开心，这时如果被家里老人看见了，他们就会立马过来在你身上拍几下，边拍边对你说："走路千万不能踩井盖，见着井盖就离得远远的，不然你会倒霉的！知道吗？"

对此，可能你会嗤之以鼻，认为老人的说法太迷信了，但走路不要踩井盖在现实生活中还是有非常大的现实意义的。我们都知道井盖下面是悬空的，一旦遇到松动的、不严实的或者损坏的井盖，你踩了就很容易掉进去。小孩有强烈的好奇心，总想踩上去玩玩，一旦坠井就很有可能受伤。

　　也许一些父母和孩子认为，这是一种危言耸听的说法，井盖那么严实，这种有问题的井盖只是小概率事件，但事实上小孩因为踩井盖而掉进去的新闻事件并不少见。而且有的下水道盖下隐藏着有毒物质，燃气井盖下可能存在着有毒气体，如果因为踩问题井盖掉进这样的井里，那后果真是不堪设想。

　　另外，有的窨井内还含有大量的甲烷气体，甲烷的特性和天然气相似，遇明火可燃，甚至爆炸。所以家长除了对孩子说

不要踩井盖外，最好也不要到井盖边放鞭炮，除了炮竹爆炸产生的冲击力外，击飞的井盖以及周边物品的飞出也会给人带来不可估量的伤害。

所以老人说"走路千万不要踩井盖，不然会倒霉。"还是说得通的。日常生活中只需对孩子叮嘱一下不要踩井盖，自己碰到井盖绕开走一下，这样就能从源头上避免很多不必要的麻烦。

当然，儿童总是充满好奇，你越是不让他干什么，也许他就越是要干什么，对此，我们不妨用真实新闻来告诉孩子踩井盖的危险。

比如，有这样一位妈妈，在谈到自己的教育时，她说："我经常告诉我的两个孩子不要踩井盖，因为万一遇到井盖不牢固，掉下去怎么办？可我说了很多遍，二宝都记不住，有时他还故意挑有井盖的地方走，你说他也没有用。

"有一次，我在网上看到一小段视频，一个小男孩踩井盖的时候，井盖突然翻过来了，小男孩掉了下去。我把这个视频给3岁的二宝看，他说了一句：'吓死我了'，从那以后，他不仅不踩井盖了，而且每次从有井盖的地方经过，他都会叮嘱我们，'不要踩井盖，会掉下去的。'"

所以，我们可以给孩子看一些有关安全教育的绘本、图片、小视频，这一定比我们在他耳边唠叨几百遍都管用。

另外，我们要提醒孩子，上学和放学回家，最好与同学结伴同行，这样即便遇到危险，也能获得帮助，对于孩子来说，当他们单独遇到危险时，最好的方法就是寻求大人的帮助。该如何求助呢？我们还应告诉孩子不要向单个人求助，要向三五个人在一起的小团队求助，但为了避免受到责任扩散效应的影响，我们要让孩子向这个小团队里的一个人求助，求助的时候，要说清自己发生了什么事情，希望得到怎样的帮助。

父母不能每时每刻都保护孩子，让孩子学会保护自己，提高安全意识，才是最重要的，聪明的父母不会呵护孩子周全，让他不受一点伤害，而是会让他知道怎么做才是安全的。

在公共场所遇到小偷怎么办

人多拥挤的场所，是小偷经常出没的地方。那么，当我们的孩子在上学放学的路上，遇到小偷时该怎么办呢？我们先来看看下面这个女孩的做法。

妞妞今年刚上五年级，就在今年夏天的一天，她在公交车上做了一件善事。

这天是周末，妈妈答应带妞妞去新华书店买课外资料。中午的时候，妞妞和妈妈吃完午饭以后就出发了。上了公交车以后，妞妞发现，车上已经没有座位了，她和妈妈只好站着。可能是夏天大家都比较懒惰，在冷气很足的情况下，大家都迷迷糊糊睡着了。妞妞也掏出自己的MP3听起歌来。

但就在此时，她看见站在车中间的一个男人用刀划开了一位女士的皮手袋，妞妞当然想立即就指出来，但她转念一想，万一对方否认怎么办，一定要拿到证据。等对方将女士的钱包掏出来以后，妞妞赶紧大叫："大家抓小偷，就是他，穿黑色T恤的那个男人。旁边的阿姨，你看你的手提袋……"

"小丫头片子，你胡说八道什么呢？"很明显，对方紧张起来了。

"你不要抵赖了，大家要是不信的话，可以让司机叔叔把刚才车内的录像带拿出来看看，另外，那个阿姨的钱包是长款的，你的裤子口袋似乎装不下吧。"妞妞在说这句话的时候，大家瞟了一下男人，发现他的裤子口袋果然露出半截皮夹。

"这是我……我老婆的钱包。"

"是吗？那你说说里面都有什么东西？"

男人这下子不知道说什么好了，而此时，这位被偷的女士说："其实，我的钱包里只有一百元现金，哦，对了，还有张我和我女儿的照片。"

此时，男人哑口无言了，最后，不到几分钟的时间，警察就过来了。

故事中的妞妞是个机灵的女孩，在车上，她一下子就看到了站在人群中的小偷，而且，她并没有直接指出来，而是在已经有了证据后才喊抓小偷，此时，对方已经无法抵赖了。作为父母，我们也要教导儿童向故事中的妞妞学习，在公交车或者公共场所遇到小偷，最好不要着急指出，因为对方会反驳，最好是等抓到对方偷盗证据时再出手，如果只有自己一个人，不要反抗或惊恐地大叫，那样会刺激小偷因惊恐采取极端行为。人的生命安全才是最主要的，财产的损失同人的生命是无法比拟的。

以下是儿童需要掌握的处理这类事件的建议，需要我们父母对儿童进行强化。

如果遇到偷盗，千万别慌，暂时不要冲动地与之争斗，以免不必要的伤害。要远离小偷，设法引起别人的注意，并记住小偷的相貌特征。必要时可寻求司机和保安人员的帮助，抓住小偷。如果发现小偷身上带有刀或者其他凶器，切勿逞强，要见机行事，注意保护好自己，一定要在保证自己人身安全的前提下再警示别人。

乘车时，要尽量往车里走，不要停留在上下车门口。多留神，躲开可疑的人。盗贼一般会在拥挤的车门口有意制造混乱，趁机盗窃。外出时，不要大意，钱物应分散放在贴身的几个衣袋里，不要放在身后或外露的口袋里。常用的零钱要放在方便的口袋内。随身携带的包要看管好。贵重的物品不要离开自己的视线，包最好放在身前。在车上不要睡觉或长时间聊天。

如果在人多的地方可以大声求助，如果一个人在僻静的地方，要以保障自己的安全为重，但要记住对方的体貌特征以方便报警。

告诉儿童结交网友需谨慎

随着计算机技术的发展，网络正以前所未有的强大力量冲击并影响着人们的生活，它在发展孩子智力的同时，也有其弊端。网络能够使人上瘾，它对网迷特别是儿童网迷的身心健康发展带来较大危害。

不得不承认，网络技术的发达让信息沟通起来更方便，它可以让两个不认识的陌生人跨越时空的距离进行交谈。忙碌的现代人也习惯了通过网络来传递心声、交朋结友。然而借由网络的虚拟性和隐匿性，很多社会不良人士将魔手伸向了青少年，更有甚者，开始毒害儿童。因为儿童缺乏自我控制和自我保护能力，很多儿童更是单纯地信任网上从未谋面的陌生人。其实，当你对那个网络另外一头的朋友全然信任时，或许你正陷入危险之中。近年来，不法之徒利用网络对儿童实施犯罪的案例不断出现，孩子因为迷恋网络而犯罪甚至丧命的悲剧也频频见诸报端。

　　父母要明白，童年是每个孩子人格发展和形成的时期，这时候，交什么朋友，与什么样的人交往，会对孩子的一生造成影响，不但影响他们的言行、穿着打扮、处世方式、兴趣趣味，还影响他们的价值观和自我认知。与不良的网友结交，不但影响孩子的学习，甚至还会令其产生错误的价值观，犯下错事。

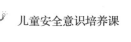

为此，作为父母，我们必须要让孩子认识到网络聊天可能存在的危害，让孩子慎重对待网络朋友。

1.对待网络朋友，一定要慎重

你可以问自己是否知道以下几条信息：

（1）对方的谈吐是否显示有素质？谈话可以看出一个人的修养。那些说话流里流气，毫无口德或者满嘴脏话的人要远离。

（2）对方的资料是否较全？如果对方对自己的真实信息遮遮掩掩的话，你要小心了，因为一个坦荡交友的人是不怕把自己真实的所在城市地址、年龄、职业写出来的。

（3）是否有共同语言？这里的共同语言指的是，人生观、价值观等方面是否相同，而不是一些负面的思想。

（4）交往持续多长时间了？时间是可以验证情感质量的。

2.清醒地对待网络朋友

（1）保持警惕心。不要轻易告诉对方自己的真实住址、姓名、电话。除非交往时间很长，确认对方可以信任了。

（2）最好能将网络与现实区分开，不要让网络影响现实。

（3）不要发布可能会泄漏自己隐私信息的图片、视频等。

（4）尽量不要单独会见异性网友，尤其是在晚间，防止被骗。

（5）对方要求视频时，尽量回绝。

我们要让孩子明白的是，我们能理解他们正处于成长期，需要朋友，但交友渠道一定要正当，对待网络朋友，一定要慎重，要学会保护自己，不要上当受骗！

第 08 章

隐私防护，引导儿童学习保护好自己的身体

　　处于成长期的儿童朝气蓬勃，身体也逐渐发育成熟；最容易引起异性的关注，其中不乏一些性骚扰者，男孩和女孩都有可能遇到。因此，我们必须要引导孩子学会一些保护自己的措施，在与异性相处的过程中，要了解什么是性骚扰，和异性相处的正确尺度为何，对如何保护自己要有深层次意义上的认识。

尽早让儿童理解生命的价值与意义

父母都希望把最好的给孩子，希望孩子能出类拔萃，希望孩子快乐、幸福……但很多父母忽视的是，怎样才能从根本上让孩子明白生命的意义，认识生与死。只有认识了这一问题，孩子才能追寻生命最初的个人价值，对于生命中的任何事才能以坦然的心态面对。

父母要让孩子明白，单独的一个人，宏观来看并没什么意义。我们是自然而然的存在，尽管没意义，但生存是我们的权利，至少还没人有权利剥夺我们的这一权力。如果说有意义，应该是指相对的意义，是创造意义而不是寻找意义。小的范围来说我们报答了父母，养育了子女，愉悦了他人；大的范围，我们可能帮助一些人，为社会做出贡献，为人类发展做出贡献。不过，人本来并没有任何义务，你可以选择什么都不做，如果你能够生存下去的话。我们之所以希望做得出色一点，无非是为了活得更好，活得更精彩。而这就是我们的目的。也就是说，生是一种权利，但完成义务却是为了活得更好。

有个失恋的女孩，在公园里因为不甘而哭泣，甚至吵着要自杀。

一个哲学家笑道："你不过是损失了一个不爱你的人，而他损失的是一个爱他的人，他的损失比你大，你恨他做什么？不甘心的人应该是他呀。"

哲学家的说法是正确的，人生的悲苦与喜乐，都是一念之间的事。看似复杂的事情，换个角度看会变得简单。死也并不可怕，关键是生比死更能带来意义，更有价值，人生就是人的生存，一切为了生存，更好地生存。人最根本的本性不是善与恶，而是追求快乐，回避痛苦。这是自然选择，似乎没有生物会例外。

人生大抵就是这样，而人们的人生观或许千差万别，这和人们自己的经历品性有关。当让孩子认识生死之后，剩下的事情，就是应该如何去做。

第一，要现实，不要任性。任性是很多年幼儿童的缺点，他们总是思考虚设的问题。家长要告诉孩子，目前面临的最迫切问题是就业和生存，学好本领才是硬道理，这需要踏踏实实地下功夫。

第二，要自制。当儿童还小的时候，吃不到糖果会哭闹，长大了得不到爱情就苦恼。父母要想孩子成就他完整的人生，就不能任其发展，放任自流。

第三，对一部分自卑的孩子，要鼓励他们勇敢一点。父母要告诉孩子，人们生而平等，你不要顾忌别人的脸色而委屈了自己，无论你是多么想把事情处理好。给自己过多的压力并不是好事，这并不能解决问题，要冷静沉着，可以循序渐进但不能自暴自弃。

第四，惰性是与生俱来的习惯，但绝不是好习惯。改变习惯要从行动开始。

第五，不要遇难而退，要知道为之，则难者亦易矣，这不仅应用于大目标，更实际的意义是能助你走出眼前的困境，并走得更远。很多时候你会发现河水不像老牛说的那样浅，也不像松鼠说的那样深。

第六，不要问别人幸福是什么，你的快乐和痛苦自己清楚。

第七，从做好眼前的事情开始。不要以为思想压倒一切，多懂一些道理固然好，但是人的精力有限，行动其实更重要。不需要懂的道理就不用去懂，这也是一个道理。

第八，要懂得知足者常乐，你我皆凡人，肯定有很多事情不会尽如人意，要懂得不懈追求，也要懂得珍惜眼前。

第九，做人，更多时候得靠自己！

第十，做人，何妨放手一搏。

生活中，很多孩子都有这样一些感想：等我考上大学，我要成为一个电影明星；等我老了，就要去环游世界；等我退休，就要去做想做的事情；等我不用学习了，我就可以轻松了。这些充满幻想的孩子，都误以为自己有无限的时间与体力。家长应该告诉你的孩子，其实你可以一步一步靠近梦想，不必等有空时再接近它。如果现在就能一步一步靠近梦想与理想，就不会活了半生，却成为自己最不想变成的那种人。

一个人最重要的就是生命，这是毋庸置疑的，孩子只有对生死有理性的认识，才能珍惜生命，从而保护自己，更进而在有限的生命里发挥自己最大的价值。而这些，都需要父母的教导。

父母要告诉孩子如何防止性骚扰和性侵害

有个星期天的中午，姐姐正在睡午觉，芳芳兴冲冲地跑来找她，把她吵醒。

"跟你说个大快人心的事情。"

"什么事啊，我还在做梦呢，就被你吵醒了。"

"我有个笔友姐姐，跟你说过的，你知道她吧。"

"知道，叫什么丽是吗？"

"是啊，她今天给我写信来了。"

"是吗？说什么了？"姐姐这下子瞌睡一点也没了。

"她们学校有个老师很变态，居然骚扰她。"

"你说全点，后来怎么样？"

"凯丽今年初三，一段时期以来一直感到非常不安，原来，她担任数学课代表后，与数学老师的交往多了，张老师经常在放学后将凯丽单独留下来，有时是'谈心'，有时是让凯丽帮助自己登记成绩等。开始数学老师经常摸凯丽的头发，说她长得漂亮等，凯丽并不在意，但后来数学老师不仅言谈轻浮、讲一些出格的语言，而且还开始动手动脚，凯丽感到问题的严重性，不仅严词抵制并警告说，如果再这样就要告诉自己的家长和校长，这使数学老师不敢肆意妄为。以后凡是数学老师叫凯丽帮忙，凯丽总是让同学作伴去。这样，凯丽的态度震慑了数学老师，同时也使数学老师无法单独与凯丽在一起，从而有效避免了来自数学老师的性骚扰。"

"的确是，我们也要向凯丽学习，以后在生活中多注意，学会保护自己。"

什么是性骚扰呢？比较普遍的定义为：任何人对其他人提出不受欢迎的性要求或不受欢迎的获取性方面好处的要求；他/她们做出其他不受欢迎的涉及性的行径，而这些行径是一个合理的人应预期会使他人感到受冒犯、侮辱或威胁的。

总而言之，任何以言语或肢体，做出有关"性的含意"或"性的诉求"或性的行为，使得对象（受害人）在心理上有不安、疑虑、恐惧、困扰、担心等情况，均属性骚扰。

儿童的判断力和反抗能力都较弱，很容易吸引一些性骚扰者的注意。家长要注意教导孩子，在遇到性骚扰和性侵犯时，应如何采取措施保护自己，即使面对性骚扰的现实侵害也不要一味害怕，应当学会审时度势，针对不同的情况，找出对策，然后采取不同的措施。

那么，怎么样才能避免性骚扰，让自己远离性侵害呢？

1.及时表明态度

在公共场所，尽量待在人群里，不要给性骚扰者下手的机会。遇到一些行为怪异的异性，应及时回避，同时还应该把你拒绝的态度明确而坚定地表达给对方，告诉他你对他的言行感到非常厌恶，若他一意孤行将产生严重的后果。

2.防人之心不可无

外出时，尤其是陌生的环境中，若有陌生人搭讪，不要理睬，要注意那些不怀好意的尾随者，必要时采取躲避措施。而对于那些总是探询你个人隐私，过分迎合奉承讨好你，甚至对你的目光和举止有异的人，应引起警觉，尽量避免与其单独相处，给对方留下"下手"的机会。

3.自尊自爱，懂得自我保护

要有警惕心理，懂得保护自己。当有陌生人问路时，不要带路；也不要随便接受陌生人的宴请，预防坏人在食品里下药；更不要搭乘陌生人的机动车或自行车，防止落入坏人圈套。总之，儿童应尽量避免夜间独自外出，尽量走大路、光线通亮的道路。对于行人稀少，没有路灯设施的黑街暗巷，最好结伴而行。

每个孩子的成长都应是快乐的。在对社会还未形成一个比较深入全面的认识前，家长要预防孩子受到性骚扰，让孩子远离性侵害，健康、快乐地成长！

要让孩子远离黄毒侵害

这天，晚饭过后，杨先生一家在讨论儿子学校的一件新闻。学校有个叫奇奇的男孩，被送进了少管所。

杨先生对儿子说："他是在初二那年，迷上了网络。他曾获得过各种计算机竞赛奖，家长和老师都为他骄傲。暑假期间，他整天泡在网络里。有一天，他在网上看到了一个令人意想不到的情景。一开始他感到很慌乱，连忙关掉电脑，但直观的视觉刺激使这个12岁的男孩子焦躁不安。于是，他又坐在电脑前，打开机器，进入该网站，继续看起来。从此以后，他想入非非，静不下心来做暑假作业，整天沉湎于色情网站。后来，一次，他的邻桌女同学到他家学电脑、上网，他在教了这位女同学基本操作程序后，重新打开了自己看上次的网页，那种不堪入目的画面又出现了。以后，他就以'学电脑'为名，多次引诱该女同学到家里看黄色录像。其实，他自己也知道这样做不对，可是他控制不住自己。终于有一天，他们发生了不该发生的事。一个星期天上午，他又将罪恶之手伸向一名年仅10岁的幼女，这个女孩哭着离开了她最崇拜的'电脑高手'。两天之后，他就因强奸幼女被'请'进了少管所。"

儿童和青少年信息辨别能力不强，易受黄毒侵害，做出错事。信息时代黄毒的主要载体有：电视剧、歌曲、网络、广告画。

1.电影电视

现在不少电影电视作品，为了博得收视率，博得观众眼球，会穿插一些调情、亲吻、性爱、强奸等细节，这些对性萌芽期的孩子们来说都是一种刺激。

2.歌曲

这些歌曲不少是流行歌曲，歌词大多描写情爱，成熟的人未必喜欢，但是青春期的少男少女则喜欢挂在嘴边。这些歌现在越来越多了，几乎到处都可以听到，让人极为不舒服。

3.网络

网络时代，一切都虚拟化，网络世界五花八门、形形色色的人和事都有，一些不法分子将黄色图片、影片发布在网络上吸引点击，牟取暴利，青春期的孩子容易误入陷阱。

4.广告画

这些广告画打着爱惜女性的皮肤、乳房的招牌，实际是借女性的性器官吸引人们的注意力，这些画半遮半隐，欲盖弥彰。

为了避免孩子遭到黄毒侵害，我们在平时就要告诫他们远离黄毒。

遇到黄色的东西，比如淫秽影碟、裸体书画、印有裸体女人的扑克，一律交给大人处理，及时告诉老师或家长，让自己平静下来，不受其影响；与周围的同学和朋友的话题要避开黄色；经常参加有益身心的活动，如登山、游泳等，这些健康活动是驱除黄毒的灵丹妙药；要加强体育锻炼，和异性同学健康交往，多参加集体活动。

对黄毒的舆论谴责和依法整治，是断不可少的。不过，最要紧的还须从治本着手，即孩子的自我抵制，要认识到黄毒的危害，识美丑、辨是非，从而不接触、不欣赏、不沾染、不模仿，自觉抵制黄毒的侵袭。只要孩子们增强了自身的免疫力，什么黄毒、白毒乃至各种社会病毒，也就无从逞其威、肆其虐了！

因此，我们要告诉孩子，一定要自觉抵制黄色信息，远离它们，多接触正面的人和事，才能让自己的身心健康发展。

父母要让女孩和异性之间保持安全距离

由于性别差异，女孩在与异性交往的过程中，更容易受伤害，这也正是很多父母担心的。很多父母对这一话题也比较敏感，甚至对女儿的一言一行都过分恐慌，以为杜绝女孩的异性交往活动，就能保护女孩。其实，这是错误的，只要女孩学会保护自己，正常的异性交往对女孩的成长是有好处的。

那么，父母如何让女孩和异性保持安全距离？

1.让女孩明白什么是真正的爱情

很多女孩对爱缺乏一些认知，加上电视媒体的作用，以及父母在这些方面没有引导，她们误认为只要男生与女生一起就是爱情。正因为不了解，才倍觉神秘，对孩子经常进行一些正面的爱情教育，她就会对爱情有个新的认识，引导孩子认识真正的爱情，能同时发展孩子的友情，孩子之间的交往便会更亲密更愉快！

2.要认识到逐渐成长的女孩向往异性交往，是孩子身心发育的必然

异性交往，是培养女孩正确性别角色和健康性心理的必修课。随着女孩年龄的增长，她们的情感愈加丰富，情绪容易起伏波动，表现在注重自我形象，有强烈的自我表现欲望，渴求得到异性伙伴的肯定与接纳。

因此，父母要关注你的女儿，应经常询问孩子对周围异性伙伴的印象如何，以了解孩子的情感倾向和所思所想。同时，父母可讲讲自己的异性交往经历与故事，让女孩说出自己的看法。要注意，最好避免用早恋这样的字眼，因为这一时期女孩与异性交往大多只是出于一种朦胧的爱慕心理。

正常的异性交往不仅有利于孩子的学习进步，而且也有利于个性的全面发展。一般来讲，女生更具细腻、温柔、严谨、韧性等特点，而男生往往比较刚强、勇敢、不畏艰难、独立。异性的正常交往可以促使双方互补，对他们的性格发展和智力发育都有益处。如果能正确对待并妥善处理异性间的交往，可以起到学习上互助、情感上互慰、个性上互补、活动中互激的作用，对自我的发展是十分有益的。

3.告诉女孩，成功的异性交往取决于自觉遵守规则

成长期的女孩与异性交往有许多益处，家长应支持。而对孩子最大的支持，是制定交往的规则，提醒孩子学会自律。遵守交通规则可避免车祸；遵循异性交往的规则，则能够避免各种烦恼、危机、事故、犯罪等，使孩子顺利度过青春期。

父母可以与女孩共同讨论媒体报道的案例或某些电视剧的情节，发表各自的看法，增强孩子自我控制的意志力。在异性交往中善于自我控制，可有效避免许多不必要的麻烦和被性侵害的不良后果。另外，自控能力是建立在正确的知识观念基

础之上的。家长还应该开诚布公，与女孩讨论与异性交往有关的问题。不必有什么禁忌，凡是孩子感兴趣的话题，都可以摆到桌面上进行讨论和争论，必要时还可以查阅书刊或请教专家。

4.教导女儿学会抗拒诱惑，明辨是非，正确选择自己的成长道路

社会环境复杂多变，女孩在异性交往中也会面对形形色色的人和事，如果缺乏分辨力，或是被表面现象迷惑，就可能被社会上负面的东西欺骗或侵蚀。怎么办？一方面，父母在对待婚姻家庭、异性交往的态度行为上应该为孩子做出榜样；另一方面，要对孩子信息透明，不要以为孩子看到、听到的都是正面的东西，就不会出问题，关键还是引导女孩学会自主地选择，要有能力自我保护。

"父母是孩子的第一任老师"，家长应鼓励女孩发挥出自己积极主动的力量，把精力用于学习。同时引导孩子们与人交往，把握住安全距离，及时地调整异性交往的问题。其实，女孩渴望与异性交往，是其身心健康发展的重要标志。教女孩学会与异性和睦相处，是对未来婚姻家庭的准备，也是对未来事业发展和社会人际关系适应的必要准备。

关于艾滋病，儿童必须要知道的

12月1日是一年一度的世界艾滋病日，学校号召师生在这一天举办相关活动，宣传和普及预防艾滋病的知识。

这不，刚下课，小英就看到初中部的师兄师姐们在布置展板了，她拉着洋洋看展板，过了一会儿，好多人围在展板附近。

"天哪，原来和艾滋病人说话不传染的呀，我一直以为空气也会传染呢！"小英很吃惊的样子。

"是啊，我以为蚊子也会传染呢。"另一个女生也应和着。

"是啊，对艾滋病，很多人都有误解，多了解一些，你们就会知道的。"布置展板的学姐说。

1.什么是艾滋病

艾滋病，即获得性免疫缺陷综合征，是英语缩写AIDS的音译，于1981年在美国首次被确认，是人体感染了"人类免疫缺陷病毒"（又称艾滋病病毒，英文缩写为HIV）所导致的传染病。艾滋病被称为"史后世纪的瘟疫"，也被称为"超级癌症"和"世纪杀手"。

HIV是一种能攻击人体免疫系统的病毒。它把人体免疫系统中最重要的T4淋巴组织作为攻击目标，大量破坏T4淋巴组织，产生高致命性的内衰竭。这种病毒破坏人的免疫平衡，使人体成为各种疾病的载体。HIV本身并不会引发任何疾病，但是当免疫系统被HIV破坏后，人体由于抵抗能力过低，容易感染其他的疾病导致各种复合感染而死亡。

2.艾滋病症状

艾滋病病毒在人体内的潜伏期平均为12年至13年，在发展成艾滋病病人以前，病人外表看上去正常，他们可以没有任何症状地生活和工作很多年。

艾滋病的临床症状多种多样，一般初期症状像伤风、流感，全身疲劳无力、食欲减退、发热、体重减轻，随着病情的加重，症状日见增多，如皮肤、黏膜出现白色念珠菌感染，单纯疱疹、带状疱疹、紫斑、血肿、血疱、滞血斑，皮肤容易损伤，伤后出血不止等；以后渐渐侵犯内脏器官，出现原因不明的持续性发热，可长达3~4个月；还可出现咳嗽、气短、持续性腹泻便血、肝脾肿大、并发恶性肿瘤、呼吸困难等症状。由于症状复杂多变，每个患者并非上述所有症状全都出现。一般常见一两种以上的症状。按受损器官来说，侵犯肺部时常出现呼吸困难、胸痛、咳嗽等；如侵犯胃肠可引起持续性腹泻、腹痛、消瘦无力等；侵犯血管可引起血管性血栓性心内膜炎，血小板减少性脑出血等。

3.艾滋病传播途径

艾滋病传染主要是通过性行为、体液的交流而传播，母婴传播。体液主要有：精液、血液、阴道分泌物、乳汁、脑脊液和有神经症状的脑组织液。其他体液中，如眼泪、唾液和汗液，病毒存在的数量很少，一般不会导致艾滋病的传播。

人们经过研究分析，已清楚地发现了哪些人易患艾滋病，并把易患艾滋病的这个人群统称为艾滋病易感高危人群，又称为易感人群。艾滋病的易感人群主要有男性同性恋者、静脉吸毒成瘾者、血友病患者，接受输血及其他血制品者，与以上高危人群有性关系者等。

因此，生活中一般的接触并不能传染艾滋病，艾滋病患者在生活当中不应受到歧视，如共同进餐、握手等都不会传染艾滋病。艾滋病病人吃过的菜，喝过的汤是不会传染艾滋病病毒的。艾滋病病毒非常脆弱，在离开人体，暴露在空气中后，没有几分钟就会死亡。艾滋病虽然很可怕，但该病毒的传播力并不是很强，它不会通过我们日常的活动传播，也就是说，我们不会经浅吻、握手、拥抱、共餐、共用办公用品、共用厕所、共用游泳池、共用电话、打喷嚏等感染艾滋病，甚至照料病毒感染者或艾滋病患者都没有关系。

因此，我们要告诉孩子，当身边有艾滋病患者时，你不应该歧视他，应在精神上给予鼓励，让他积极配合医生治疗，战胜病魔，同时让他注意自己的行为，避免将病毒传染给他人。

告诉儿童过早发生性行为对身体有什么危害

五年级期末考试终于结束了，婷婷想好好地放松一下，于是，妈妈特许婷婷好好地上一次网。这小丫头一听可以上网，兴奋得像只小鸟一样，马上打开电脑。当然，首先，她就登上了QQ账号，和久违的几个朋友聊了起来。

她有个聊得来的朋友，婷婷叫她姐姐，一阵寒暄之后，两人聊起来了。好像这个姐姐有很多烦恼，于是，她一股脑儿地都和婷婷倾诉了。

"婷婷，我又去做人流了，这已经是我第三次了，我知道这样不好，可是我真不知道怎么办！"

婷婷一听，吓得半天没说话。

"姐姐，你为什么要人流呢？"

"怀孕了，还没结婚就要人流呀。"

"那你不怀孕就行了，我听说人流对身体伤害很大。"

"是啊，我自己也后悔。总之，婷婷，你要好好学习，不要在学校谈恋爱，更不要做出什么越轨的事，不然到时候就和姐姐一样，后悔都来不及了。"

婷婷听完这些以后，久久不能平静，她来找妈妈，问道："妈妈，为什么那些女孩要做坏事呢？既然对自己身体不好，为什么还要做？"

"婷婷，妈妈知道你是好孩子，现在这个年纪就是要好好学习，有些事，一旦做错，是一辈子的事，你知道吗？"婷婷点了点头。

随着儿童身体的发展，一些大龄儿童的性意识开始萌发，渴望和异性交往，这些都是情理之中的事，与异性适当交往，对孩子的身心发展都有帮助，但我们父母要告诉孩子一定要理智对待异性交往，注意度的把握，不可早恋，更不可过早就发生性行为。

事实上，一些男孩女孩一旦"坠入情网"，常会有性冲动，这也是正常的。但我们要告诉孩子学会自尊、自爱，学会保护自己。青春期就开始性生活，无论对于一个未成熟少年的身体还是心理，都有极大的危害。

1.过早的性生活会给正处于发育阶段的生殖器和阴道造成损伤，甚至出现感染

有的儿童到了12岁已经月经初潮，但身体各个部位的器官都还未成熟，尤其是阴部的皮肤组织还很娇嫩，阴道短，表面组织薄弱，性生活时可造成处女膜的严重撕裂及阴道裂伤而发生大出血，同时还会不同程度地将一些病原微生物或污垢带入阴道，而此时女性自身防御机能较差，很容易造成尿道、外阴部及阴道的感染。如控制不及时还会使感染扩散。

2.过早的性生活可因妊娠而带来身心上的伤害

如果孩子在性交时不采取有效的避孕措施，极有可能导致怀孕，一旦怀孕，必须做人工流产，这是唯一挽救错误的措施，而人工流产不仅对女性身体不利，引起一系列的并发症，如感染、出血、子宫穿孔以及婚后习惯性流产和不孕等，而且因为周围舆论压力和自责、内疚，给女性造成严重的心理创伤，流产后的女孩子会很长一段时间摆脱不了周围人的流言蜚语，甚至会影响婚后正常的性生活。

3.过早的性生活可严重影响心理健康

性意识的朦胧可能会让一些少男少女偷尝禁果，但一般情况下，他们都是偷偷摸摸地进行，缺乏必要的准备，因此，精神紧张。同时在性生活过程中和事后又因怕怀孕、怕暴露而产生恐惧感、负罪感及悔恨情绪，一些女孩子久之还会发生心理变态，如厌恶男子，厌恶性生活，性欲减退，性敏感性降低和性冷淡。这些都对孩子未来正常的婚姻生活造成一定的负面影响。

4.过早的性生活可影响学习和生活

12岁以前的儿童正处在学习和积累知识，为自己创造辉煌未来打基础的黄金时代，如果有性生活必当会分散精力，甚至无心学习，对本人、家庭和社会都不利，严重的会影响学业甚至一生的命运。

所以说，我们要告诉孩子，一定不要过早有性生活，应十分珍惜自己的青春与身体，应把注意力和兴趣投入学习中去，这对于自身的健康成长、事业成就、生活幸福都有重要意义。

第09章
应对意外，危急时刻镇定是最大的勇敢

生活中，我们总是会遇到这样那样的意外情况，这对于成长期的儿童来说也不例外，因此，我们必须训练儿童的应急应变能力，这样，我们的孩子才能沉着冷静面对突如其来的安全威胁。应变能力是思维能力的一种，思维的力量是巨大的，一个人在遇到问题时是否有较好的应变能力，与其思维能力也是分不开的。善于思维的人总是能在危急时刻镇定面对、机智应对，顺利地找到解决问题的出路。

当电梯突然停止运行怎么办

　　现在城市里面很多的商场、高层都有电梯，乘坐电梯非常方便快捷，可是电梯有时候也会出错，作为成人，我们懂得一些应急方案，但处于成长期的儿童未必了解，因此，我们有必要在日常生活中就对我们的孩子进行指导，这样，即使遇到电梯故障，孩子也能避免惊慌，迅速逃生。

　　我们先来看下面一个案例：

　　前不久，在浙江，有两名8岁孩童被困电梯后，临危不乱，仅用3招，顺利脱险。

　　据电梯监控显示，当天上午11点，小辰和小谢（化名）两位小朋友相伴走进电梯，分别按下了8楼和27楼的按钮。后来，电梯升到了8楼，但门只打开了一条缝，几秒后电梯门自动关闭。再后来，女孩小辰把电梯每个楼层的按钮都按亮，然后按紧急电话按钮、急救按钮，并用电话手表报了警。

　　小辰的家长黄女士说："正常的话她是11点15分会准时到家，然后我看20分还没到家我就给她打电话，她说我被困在电梯了，我已经报110了。"

　　11点18分，当地派出所民警和消防救援人员一起赶到现场，初步调查是电梯门出现了故障。11点27分，电梯门被救援人员用工具推开，两个被困了27分钟的孩子终于脱险。

派出所民警说："我们上去的时候以为他们会比较害怕，但是从门缝里看他们还是很淡定的。"

据了解，平时家长就会教给两个孩子一些关于电梯自救的知识。

孩子们的淡定表现赢得了网友的一致称赞，有网友认为关键在于家庭教育。

在家庭教育中，我们应教给孩子一些关于电梯的基本常识。

1.电梯发生故障时的处理策略

当电梯发生故障，被困在轿厢里面时，应该要保持镇定，先按下电梯面板上面的紧急呼叫按钮，通常情况下30分钟内救援人员就会赶到现场。假若救援电话无人应答，就用手机拨打96333寻求帮助，只要报上救援识别码就马上有救援人员组织营救。

假若呼叫按钮没人接听，又没有带手机。那该怎么办呢？

如果无法跟外界取得联系的时候，可以时不时地拍打电梯门求救，尽量让外面的人知道，但是不要太过于消耗体力。

倚靠在电梯墙壁上面，尽量地调整呼吸，克制自己的恐惧感。

如果电梯在持续下降，而电梯内又没有扶手，建议用手抱着脖子，避免脖子受伤，弯曲膝盖，为了更大地承受住重压力，脚尖点地，脚跟提起，以起到缓减冲力的作用。

千万不要在电梯里面蹦蹦跳跳，进行过激的行为，预防电梯发生二次事故。

千万不要强行扒开电梯，防止电梯在你扒开的时候启动，造成人身伤害。

2.儿童乘坐扶梯"十不要"

（1）不要在乘扶梯时低头玩手机。

（2）年纪较小的孩子，不要让他单独乘扶梯，要有家长看护。

（3）不要将手脚或者四肢伸出扶手装置以外。

（4）不要在扶梯上嬉戏打闹、逆行或者争相上扶梯。

（5）不要踩在黄色安全警示线以及两个梯级相连的部位，更不要在扶梯上走或跑。

（6）不要在扶梯进出口处逗留。

（7）不要携带婴儿车等大件物品乘扶梯。

（8）不要将异物触及扶梯挡板。

（9）不要将手放入梯级与围裙板的间隙内。

（10）不要蹲坐在梯级踏板上，随身携带的手提袋等不要放在梯级踏板或手扶带上。

3.孩子乘坐直梯"五不要"

（1）不要让孩子把手放在电梯门旁，防止电梯门开启或关闭时，挤伤手指。

（2）不要让孩子在电梯内蹦跳。

（3）不要让孩子乱按电梯内的楼层按键。

（4）电梯门在快关闭或刚打开的时候，不要让孩子抢行。

（5）如电梯发生困人，请不要惊慌，请按电梯内"电铃"按钮，或拨打消防中控室电话，通知有关人员解救，不要企图自己打开电梯门。因为电梯随时可能运行，导致二次意外。

孩子乘坐电梯一定要注意安全，电梯和扶梯在方便了现代人生活的同时，也有各种事故和悲剧在不断上演，千万别让电梯再伤害孩子。

如果遇到车祸怎么办

前面，我们分析过儿童要注意交通安全，尤其是在上学和放学的路上，正是车流量和人流量高峰期，只有遵守交通规则，才能有效避免交通事故的发生。当然，意外毕竟是意外，有时候即便在安全范围内，依然可能出现交通事故。那么，什么是交通事故？

交通事故是指车辆在公路、街道或其他道路上运行时引起或发生的死人、伤人或物件损失的事故。

作为父母，我们要在平时的生活中让孩子学习如何处理交通事故，因为只有处理及时、方法正确，才能有效避免更大伤害的发生。为此，我们要告诉孩子，一旦发生车祸，不要惊慌失措，而应该沉着、镇定、有条不紊地做好下面几件事。

1.及时报案

在你没有受伤或伤势较轻的情况下，要立即用通信工具报告当地的公安交通部门或附近的值勤民警，然后站在现场路边比较安全的地方等候民警来处理现场。

2.抢救伤者

积极设法抢救车祸中的受伤人员。实行人道主义救助是每个公民的义务。但在抢救伤员时要用正确的止血、固定、包扎、运送等方法。做简单处理后，立即拦截过往车辆将重伤者送往附近医院抢救。如没有抢救知识，可打急救电话120，待急救中心来抢救。

3.保护现场

协助民警做好现场保护工作，这是每个公民的义务。现场存在着大量的痕迹和物证，对于查清车祸原因和认定责任都有着重要的意义。保护现场的方法，主要有照相、录像、标划被移动的人、车和物体。

4.记下证人和车号

在现场将见证人记录下来转告公安交通管理的有关人员，以备事后访问。记下肇事车号是为了防止肇事者驾车逃逸，一旦逃逸，也能通过车号查出肇事者。

另外，我们要让儿童记住几点行路安全法则。

1.认识并掌握各种交通信号灯的含义

这一点前面我们已经谈到，也就是，绿灯亮时能通过，而红灯时不准通过，但转弯的车辆不准妨碍直行车辆和行人通过；黄灯亮时，不准通过，但车辆如果已经驶入斑马线后则可以通过；黄灯闪烁时，须在确保安全原则下通行。

2.过马路时注意观察

横穿马路时，要养成看交通信号的好习惯。另外，还要注意看两侧的车辆，不要在斑马线上嬉戏打闹和奔跑，也不要斜穿或突然改变行路方向。不要在护栏和隔离带附近攀爬和跳跃，过天桥和地下街道时要注意看来往行人，在没有人行穿越道的路程，须直行通过，主动避让来往车辆，不要在车辆临近时抢行。

走路要专心，不能东张西望、看书、看报或因想事、聊天而忘记观察路面情况。路边停有车辆的时候，要注意避开，免得汽车突然启动或打开车门碰伤。不能在马路上踢球、溜旱冰、跳皮筋、做游戏或追逐打闹，更不要扒车、追车、站在路中间强行拦车或者抛物击车。雾天、雨天走路更要小心，最好穿上颜色鲜艳（最好是黄色）的衣服、雨衣，打鲜艳的伞。晚上上街，要选择有路灯的地段，特别注意来往车辆和路面情况，以防发生意外事故或不慎掉入修路挖的坑里及各种无盖的井里。

3.骑车安全

按照交通部门的规定，不满12周岁的儿童，不准骑自行车、三轮车和推拉各种人力车上街。就是满12岁，骑车上街也必须遵守交通规则。骑自行车上街走慢车道，不能进入机动车行驶的快车道，也不能在人行道上骑自行车。在没有划分机动车、非机动车道的路段，要尽量靠右行驶，不能逆行，也不能到路中间去骑。

骑车要直行，不能忽左忽右地拐来拐去，转弯时不能抢行、猛拐，要提前放慢速度，看清左右及后方，并要打出明确的手势，表示转弯的方向，超车时不能影响被超车辆的行驶。骑车经过交叉路中，要减速慢行，注意来往车辆，遇到路口红灯时，要及早刹车，不能越过路口的停车线。

两人或多人一起骑车上街时，不要并行，更不能互相攀扶，不要你追我赶地疯闹，或相互开玩笑。骑车时，不能撒把，来显示自己骑车技术，也不能图省力和好奇，去攀扶机动车辆。

4.乘汽车安全

坐公共汽车时，要遵守秩序，在指定地点依次候车，等车停稳后先下后上，不要拥挤，不能在车还没停稳时就抢先上下车，否则很容易造成摔伤或撞伤。乘车时，不能向车外乱扔杂物，也不能把头、胳膊或身体任何部分伸出车外，不能携带鞭炮、汽油等易燃、易爆物品上车。

突发地震，冷静才能求得生机

我们都知道，地震是破坏力最强的自然灾害之一，当灾难来临时，作为最弱势的群体，儿童往往在地震中因缺乏许多安全知识和自我保护意识而受到危害。掌握基本的求生自救方法，能够大大降低灾难带来的损伤，但前提是儿童能够冷静应对。

　　我们先来看下面一个真实的故事：

　　林浩是四川省汶川县映秀镇渔子溪小学二年级学生。在汶川5·12大地震发生时，小林浩同其他同学一起迅速往教学楼外转移，还未跑出，便被压在了废墟之下。此时，身为班长的小林浩表现出了与年龄所不相称的成熟，他在下面组织同学们唱歌，安慰因惊吓过度而哭泣的女同学。经过两个小时的艰难挣扎，身材矮小而灵活的小林浩终于自救成功，爬出了废墟。但此时，小林浩的班上还有数十名同学被埋在废墟之下，9岁的小林浩没有像其他孩子那样惊慌地逃离，而是又镇定地返回了废墟，将压在他旁边的两名同学救了出来，交给了校长，在救援过程中，小林浩的头部和上身有多数受伤。逃离了废墟的小林浩此时却发现同在外打工的父母失去了联系，焦急的小林浩同14岁的姐姐和妹妹一起在映秀镇滞留了两天。14日，他们三人同其他乡亲一道，经过7个小时的艰难跋涉，走小路逃出了震中映秀镇，转移到了都江堰，其后又来到成都与堂哥汇合。19日，小林浩同其姐姐和妹妹一起被安置在了四川省儿童活动中心，这里安置了所有来自灾区的孤儿。其后，小林浩来到成都市儿童医院做了身体检查，庆幸并无大碍，只是一些皮外伤。

　　小林浩那稚嫩的童音、超出年龄的成熟与勇敢、善良的品格几乎感动了每一个中国人，他是一个有勇有谋的男孩，而他的故事也告诫所有成长期的儿童，地震来临时一定要冷静，做出正确的应对。

那么，我们该如何培养儿童对地震的应对能力呢？

1.大地震时不要急

破坏性地震从人感觉振动到建筑物被破坏平均只有12秒钟，在这短短的时间内你千万不要惊慌，应根据所处环境迅速作出保障安全的抉择。如果住的是平房，那么你可以迅速跑到门外。如果住的是楼房，千万不要跳楼，应立即切断电闸，关掉煤气，暂避到洗手间等跨度小的地方，或是桌子，床铺等下面，震后迅速撤离，以防强余震。

2.抓紧时间紧急避险

如果感觉晃动很轻，说明震源比较远，只需躲在坚实的家具底下就可以。

大地震从开始到震动过程结束，时间不过十几秒到几十秒，因此抓紧时间进行避震最为关键，不要耽误时间。

3.选择合适避震空间

室内较安全的避震空间有：承重墙墙根、墙角；水管和暖气管道等处。

屋内最不利避震的场所是：没有支撑物的床底；吊顶、吊灯下；周围无支撑的地板上；玻璃（包括镜子）和大窗户旁。

4.做好自我保护

地震发生时，首先要镇静，选择最好的躲避处，并做好身体重要部位的保护。

5.余震危害大

如果已经离开房间，千万不要地震一停就立即回屋取东西。因为第一次地震后，接着可能会发生余震，余震对人的威胁也很大。

6.在公共场所

如果在公共场所发生地震，不能惊慌乱跑。可以随机应变就近躲到比较安全的地方，如桌柜下、舞台下、乐池里。

7.在户外

如果正在街上，绝对不能跑进建筑物中避险。此外不要在高楼下、广告牌下、狭窄的胡同、桥头等危险地方停留。

8.被困建筑物中

如果地震后被埋在建筑物中，应先设法清除压在腹部以上的物体。

用毛巾、衣服捂住口鼻，防止烟尘窒息；要注意保存体力，设法找到食品和水，创造生存条件，等待救援。

在地震多发地带居住的家庭，可以在地震发生前做以下准备工作，以尽量减少地震可能造成的危害和生命财产损失。

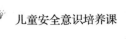

1.做好物资储备

首先可以在平时准备一个应对地震的专用救援包，并定期检查更新：

（1）水：每人每天至少需储备3.8升的水，应按此标准一次备够72小时之用。

（2）食品：只储备无需特殊处理的食品。

（3）应急灯和备用电池：不要在地震后使用火柴或蜡烛，除非能确定没有瓦斯泄漏。

（4）便携式收音机：大多数电话将会无法使用，所以收音机将会是最好的信息来源。

（5）急救箱和急救手册。

（6）灭火器。

（7）药品、备用眼镜、卫生用品。

（8）重要文件和现金。

（9）工具管钳、可调扳手、打火机、一盒装在防水盒子里的火柴和一个哨子。

（10）衣服。

2.排查家中隐患

（1）可能倒塌的又高又重的家具，如书架、橱柜，应当设法固定。

（2）可能会从管道上脱离并碎裂的热水器。

（3）可能发生移动、扯坏煤气管道或电线的物品。

（4）悬挂在高处较重的盆栽植物，可能脱钩坠落。

（5）挂在床上方较重的相框或镜子，可能会坠落。

（6）橱柜或别的柜子剧烈晃动时，柜子的插销可能会松动打开。

（7）放置在开放式储物架上的易碎品或重物可能会坠落摔碎。

（8）易燃液体，如油漆及清洁剂，不要放在室内。

3.平时做好防震演习

当发现房屋开始摇晃时，第一时间就能确定去哪儿躲避非常重要。如果在地震发生前就做好了准备和演习，就能在察觉震感的第一时间及时、正确地做出反应。

儿童火灾逃生的自救方法

我们常说，水火无情，一场火灾降临，在众多被火势围困的人员中，有的人葬身火海，而有的人却能死里逃生，幸免于难：这固然与火势大小、起火时间、起火地点、建筑物、报警、排烟、灭火设施等因素有关，然而更重要的是被火围困的人员在灾难临头时有没有避难逃生的本领。

由于儿童年龄小、身心稚嫩、生活经验缺乏等，他们在遭遇火灾时更难自救，因此父母须格外注意教导儿童正确的防灾避险方法。那么，父母应该教会儿童哪些预防和应对火灾的知识呢？

火场逃生的原则是：安全撤离，救助结合。具体而言，火灾逃生时应该牢记以下方法。

1.利用疏散通道逃生

每个建筑按规定设有室内楼梯、室外楼梯，有的还设有自动扶梯、消防电梯等，发生火灾后，尤其是在火灾的初起阶段，这些都是逃生的有效途径。在下楼时，应抓住扶手，以免被人群撞倒、踩伤。

2.利用建筑物现有设施逃生

发生火灾时，如果上述方法都无法逃生，可利用落水管、房屋内外的突出部分、门窗、建筑物上避雷线（网）逃生，或转移到安全区域。利用这种方法时，既要大胆又要细心，否则容易出现伤亡。

3.寻找避难处所逃生

在无路可逃的情况下，应积极寻找避难处所。如到阳台、楼层平顶等待救援，选择火势、烟雾难以蔓延的房间，如卫生间等，关好门窗、堵塞间隙，房间如有水源，应立即将门、窗和各种可燃物浇湿，以阻止或减缓火势和烟雾的蔓延速度。无论白天或夜晚，被困者都应大声呼救或挥舞白色毛巾等，不断发出各种呼救信号，以引起救援人员的注意，帮助自己脱离困境。

4.逃生时，应用湿毛巾捂住口鼻，背向烟火方向迅速离开

注意保持低姿势，呼吸要小而浅。如为高楼里的火灾，因火势向上蔓延，应用湿棉被等物作掩护快速向楼下有序撤离，不要向楼上跑。离开房间时，一定要随手关门，使火焰、浓烟控制在一定的空间内。因为供电系统随时会断电，所以千万不要乘电梯逃生。

除了上述应该做的事项，还有下面一些不应该做的事情。

（1）不要盲目走动，快速回忆逃生路线。在遇到门窗时，要先用手背碰一下把手，如果温度不高，再开门窗；如果很热，千万不要开门，不然会助长火势或"引火入室"。

（2）不可以乘坐电梯。因为起火后，电梯往往是浓烟的通道，运行中的电梯也有发生故障突然停住的可能。

（3）不要大声喊叫，避免烟雾进入口腔，造成窒息中毒。

（4）疏散时不要拥挤、推搡。在众多被困人员逃生时，如果看到前面的人倒下了，应及时扶起，避免出现踩踏现象，以至造成通道堵塞和不必要的人员伤亡。

（5）火势大时，不要轻易穿越火场，耐心等耐救援。等待救援时应尽量在阳台、窗口等易被发现的地方。如果逃生通道被切断、短时间内无人救援时，应关紧迎火门窗，用湿毛巾、

湿布堵塞门缝，用水淋透房门，防止烟火侵入，并靠墙躲避，因为消防人员进入室内救援时，大都是沿墙壁摸索行进的。

（6）不要轻易跳楼。只有在消防队员准备好救生气垫或楼层不高的情况下，才能采取此方法。可将应急逃生绳或将被单、台布撕成条做成绳索，牢系在窗栏上，顺绳滑至安全楼层。

以上注意事项，我们总结成口诀就是：

一忌惊慌失措；二忌盲目呼喊；

三忌贪恋财物；四忌乱开门窗；

五忌乘坐电梯；六忌随意奔跑；

七忌方向错误；八忌轻易跳楼。

为了避免受到火灾伤害，防微杜渐，事先预防比起事后补救更为重要，家庭需要定时排查火灾隐患并遵循以下建议。

（1）房门不畅通（门背后常有堆积大量杂物）或只开一个门。

（2）使用大功率照明灯或电热器及使用火炉取暖时跟易燃物过近。

（3）违反操作手册使用电子产品，造成瞬间负荷过大或电线短路。

（4）线路老化或超负荷工作。

（5）不按安全规定存放易燃物品。

儿童溺水的急救和预防方法

每年夏天，溺水都是儿童的"头号安全杀手"。如果小朋友游泳时身边没有大人照看或大人一时疏忽，再加上泳技不佳、安全意识差，在意外发生后往往会酿成悲剧。所以家长很有必要注意孩子的游泳安全问题。

1.教会孩子溺水自救技巧

（1）万一发生溺水，首先不要慌张，发现周围有人时立即呼救。另外，要放松全身，让身体漂浮在水面上，将头部浮出水面，用脚踢水，防止体力丧失，等待救援。身体下沉时，可将手掌向下压。

（2）对于手脚抽筋者，若是手指抽筋，可将手握拳，然后用力张开，迅速反复多做几次，直到抽筋消除为止。

（3）若是小腿或脚趾抽筋，先吸一口气仰浮水上，用抽筋肢体对侧的手握住抽筋肢体的脚趾，并用力向身体方向拉，同时用同侧的手掌压在抽筋肢体的膝盖上，帮助抽筋腿伸直。

（4）要是大腿抽筋的话，可同样采用拉长抽筋肌肉的办法解决。

2.孩子溺水时家长急救技巧

（1）下水迅速救上岸。由于孩子溺水并可能造成死亡的过程很短，所以应以最快的速度将其从水里救上岸。若孩子溺入深水，抢救者宜从背部将其头部托起或从上面拉起其胸部，使其面部露出水面，然后将其拖上岸。

（2）清除口鼻里的堵塞物。孩子被救上岸后，使孩子头朝下，立刻撬开其牙齿，用手指清除口腔和鼻腔内杂物，再用手掌迅速连续击打其肩后背部，让其呼吸道畅通，并确保舌头不会向后堵住呼吸通道。

（3）倒出呼吸道内积水。方法一：抢救者单腿跪地，另一腿屈起，将溺水儿童俯卧置于屈起的大腿上，使其头足下垂。然后颤动大腿或压迫其背部，使其呼吸道内积水倾出。

方法二：将溺水儿童俯卧置于抢救者肩部，使其头足下垂，抢救者作跑动姿态，就可倾出其呼吸道内积水。注意倾水的时间不宜过长，以免延误心肺复苏。

（4）水吐出后人工呼吸。对呼吸及心跳微弱或心跳刚刚停止的溺水者，要迅速进行口对口（鼻）式的人工呼吸，同时做胸外心脏按压，分秒必争，千万不可只顾倾水而延误呼吸心跳的抢救，尤其是刚开始的数分钟。抢救工作最好能有两个人来进行，这样人工呼吸和胸外按摩才能同时进行。如果只有一个人的话，两项工作就要轮流进行，即每人工呼吸两次就要胸外按压30次。

3.游泳时注意观察孩子的溺水表现

（1）头部沉没于水下，嘴巴在水上面。

（2）双眼紧闭。

（3）四肢乱动，类似攀爬梯子的动作。

（4）头靠后倾斜，嘴巴张开。

（5）头发盖住了前额或眼睛。

（6）看似直立于水中，腿无法运动。

（7）呼吸急促或痉挛。

（8）双眼无神，无法聚焦。

（9）试图游向某个方向，却无任何前进。

（10）试图翻转身体。

4.防止儿童溺水的做法

（1）当你带孩子去泳池或者水边玩耍，要时刻看好孩子，不要大意，更不要因为接电话或者玩手机而将孩子一人放到水边，有时候危险可能就发生在你不在意的几分钟内。

（2）在没有大人陪同的情况下，不要让孩子一个人去泳池游泳或者玩耍嬉戏。

（3）在孩子没有学会潜水前，不要让他直接潜（跳）入水中；除非他已学会直接潜入的方法，并在成人的监护下进行。

（4）要让孩子远离泳池排水口。

（5）在泳池游泳时，要严格遵守游泳安全规则。

（6）孩子在玩水时不要让他吃东西，因为很有可能会呛到。

（7）当孩子在船上，在海边，或参加水上运动时，坚持让他穿上高质量的浮身物。

（8）检查孩子经常去的地方是否有没有护栏的水池，如自己的住宅和学校附近。如果有水池而没有护栏，要教育孩子注意安全。

（9）教育孩子一定要在有防护和可游泳的水域游泳。

（10）教导孩子正确的游泳方法和游泳时的安全注意事项。

可能一些家长会问，游泳圈能防止儿童溺水吗？其实，一般的充气式游泳圈只是一种水上充气玩具，与救生圈是有区别的，并不能防止儿童溺水。所以，游泳圈只适合戏水用，不能作为救生设施。

另外，无论是游泳圈还是正规的救生设施，在游泳之前，都要仔细检查清楚，看看是否存在漏气、裂缝、充气不充足之类的问题。游泳圈的尺寸也应注意，大小应该刚刚好扣住小孩的腋窝，不要太过于松动，以减少孩子玩水时从泳圈里脱出的风险。

儿童煤气中毒的急救方法

煤气中毒，这是不分春夏秋冬都会发生的事情。有些人说，冬季才是煤气中毒的高发期，说得很对，但是在夏季的时候，因为自己和家人的粗心大意，也会出现煤气中毒的情况。作为父母，我们也应训练儿童防止煤气中毒以及自救的措施。

1.开窗透气最重要

发现有人煤气中毒时，在拨打完急救电话后，不要一味地等救援人员的到来，而要先关掉家中的煤气，然后打开家中的所有门窗，让屋子里充满新鲜的空气。并且要把中毒者搬到安全位置，让中毒者离开煤气浓度较大的房间，这样能减轻中毒者的中毒症状，最起码能够让中毒者不至于中毒过深。

2.保障中毒者的呼吸畅通

当中毒者到达了安全的环境后，要立即将中毒者身上的衣领、腰带等束缚物松开，让中毒者的呼吸更顺畅，最好是让中毒者身上没有束缚的衣服，但是注意让中毒者保暖。

3.快速拨打急救电话

只要是煤气中毒，无论轻重，都必须要送去医院进行检查，以免导致后遗症，而如果中毒者出现严重头晕、恶心呕吐、心慌甚至开始出现昏迷迹象的时候，就一定要及时拨打急救电话。

对于煤气中毒者来说，最重要的就是时间，有时候晚了几分钟，就可能造成死亡，所以说，一定要保证病人环境安全之后，立即拨打急救电话。

4.立刻施行人工呼吸

如果煤气中毒者出现呼吸困难或者昏迷的时候，在拨打完急救电话后，要对其进行人工呼吸，帮助中毒者呼吸到新鲜空气，血液里的煤气浓度也能得到稀释，减少煤气对于中毒者的伤害。

人工呼吸的具体方法是：施救人员跪在中毒者的身体一侧，一只手捏住中毒者的鼻子，另一只手推起中毒者的颏部，保证中毒者的气道开放，然后深吸一口气送进中毒者的嘴巴里，在此过程中眼睛平视中毒者胸部，看到吹气导致胸廓隆起则可以停止吹气，然后松开捏住鼻子的手，这样反复几次，轻微中毒者就会醒来。

5.清理呕吐物并对高烧者进行冷毛巾降温

在等待救援的时候，救助者可以做好一系列的注意事项，增加中毒者存活机率。煤气中毒者会出现头晕恶心呕吐的情况，那么救助者一定要快速地清理掉中毒者嘴里的呕吐物，防止引发窒息。还有些煤气中毒的患者会出现发高烧的情况，那么要赶紧用冷毛巾冷敷脑袋，减轻发烧对脑部的伤害。

以下是煤气中毒自救的误区。

1.冷水、冷空气刺激

曾经有过报道，一位母亲发现儿子儿媳煤气中毒，于是先把儿子拖出室外，当时是冬季，那位母亲听说只要用冷水刺激一下中毒者就可以唤醒他，于是给自己的儿子浇了一盆冷水，准备把儿媳拖出来浇冷水的时候救援人员到了，阻止了她的行为，而最终，他儿子因为寒冷刺激加上缺氧直接导致窒息死亡。所以说这一点一定要记住，煤气中毒者体内已经积存了太多一氧化碳，不是靠冷水或者冷空气就能"唤醒"的，相反一定要注意中毒者的保暖。

2.昏迷醒来后并不代表没事

煤气中毒者从昏迷中醒来之后，一定不能立即停止救治，当煤气中毒者昏迷的时候，其体内的血液已经含有大量的一氧化碳，虽然被抢救回来，如果不继续救治的话，还是会留下很多后遗症的，比如说经常性头疼或者记忆力快速减退。所以说，不要因为中毒者已经清醒就立即停止治疗。

另外，家长自身一定要做好防范措施，尽量避免儿童煤气中毒事件的发生。

儿童食物中毒的自救措施

我们都知道，病从口入，食品的安全也会影响到个人的身体健康，食物中毒是一种十分危险的情况。

食物中毒是指因食物中的有毒物质而引起身体的不良反应，一般包括细菌性（如大肠杆菌）、化学性（如农药）、动植物性（如河豚、扁豆）和真菌性（毒蘑菇）四种。食物中毒，有单人中毒，也有群体中毒，其症状以恶心、呕吐、腹痛、腹泻为主，往往伴有发烧。吐泻严重的，还可能发生脱水、酸中毒，甚至休克、昏迷等症状。

在日常生活中，儿童对事物充满好奇心，很容易因为误食而导致食物中毒，而如果儿童懂得食物中毒的知识，知道一些食物中毒后的自救措施，能有效减轻可能受到的伤害。

因此，当儿童一旦出现上吐、下泻、腹痛等食物中毒症状，首先应立即停止食用可疑食物，同时，立即拨打120急救电话呼救。在急救车来到之前，可以采取以下自救措施。

1.首先进行催吐

食物中毒后，首先可以进行催吐，催吐能缓解中毒，其原理就是在食物中毒症状出现的时候要尽量地让人将中毒性的食物排出体外，而呕吐是非常快的一种方法，可以有效减少身体对毒素的吸收而保障生命安全。

比如，对于刚中毒不久者，可先用手指、筷子等刺激其舌根部催吐，或让中毒者大量饮用温开水并反复自行催吐，以减少毒素的吸收。如经大量温水催吐后，呕吐物已为较澄清液体时，可适量饮用牛奶以保护胃黏膜。但如在呕吐物中发现血性液体，应想到可能出现胃、食道或咽部出血，此时宜停止催吐。

2.导泻

如果在食物中毒后已经有2~3个小时，在患者精神状况还不错的情况下，可以服用泻药，让其将毒素排出体外。

自制泻药可以用大黄、番泻叶煎服或用开水冲服，都能达到导泻的目的。

3.理性观察食物中毒的状况和症状

如果是轻微的食物中毒，会伴随一些症状，比如腹痛或呕吐，此时，应该要注意观察并且喝淡盐水，补充因呕吐和腹泻而流失的盐分和水分。严重的食物中毒要去医院治疗。

另外，为了利于后期医生帮助病人找到中毒原因，在催吐或者排泄后，可以保留一些标本，方便医生尽快确诊和及时救治。

以上几方面简单又实用，要想避免食物中毒的出现，还应该掌握较多的饮食知识，注意饮食卫生。

预防食物中毒的主要办法是注意个人卫生及食品卫生。一

旦有人出现上吐、下泻、腹痛等食物中毒症状时，千万不要慌张，学会在食物中毒的初期进行自救，在进行有效的自救措施后，及时就医可以减轻中毒的严重性。

参考文献

[1]韩国希望梦想.儿童自我保护安全教育绘本：防性侵[M].朱雯霏，译.北京：化学工业出版社，2019.

[2]威廉斯.你千万别上当啊[M].孙定成，译.北京：北京联合出版公司，2015.

[3]风信子.儿童安全意识养成课[M].天津：天津科学技术出版社，2019.

[4]刘敬余.儿童安全百科[M].北京：北京教育出版社，2017.